JN200235

心臓とこころ

文化と科学が明かす「ハート」の歴史

ヴィンセント・M・フィゲレド 著
Vincent M. Figueredo

坪子理美 訳
Tsuboko Satomi

The Curious History of the Heart

A Cultural and Scientific Journey

化学同人

THE CURIOUS HISTORY OF THE HEART

by Vincent M. Figueredo

This Japanese edition is a complete translation of the U.S. edition,
specially authorized by the original publisher, Columbia University Press.

Japanese translation published by arrangement with Columbia University Press
through The English Agency (Japan) Ltd.

ファイヴ・フィグ・ファームの女性たち――アン、サラ、イザベル、マデリーン――へ

あなたたちは私の心を愛で満たしてくれる

目次

※〔 〕内は訳者注である。

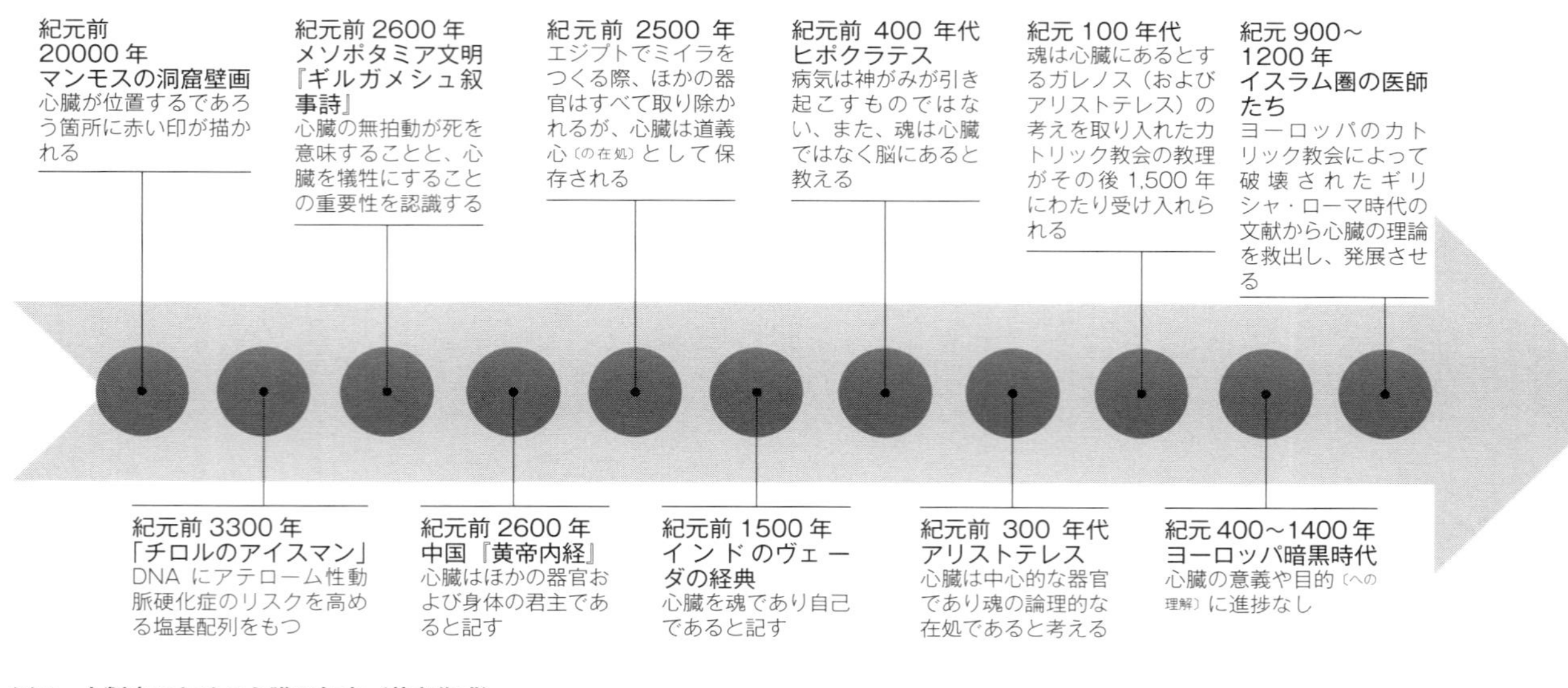

図0　人類史における心臓の年表（著者作成）

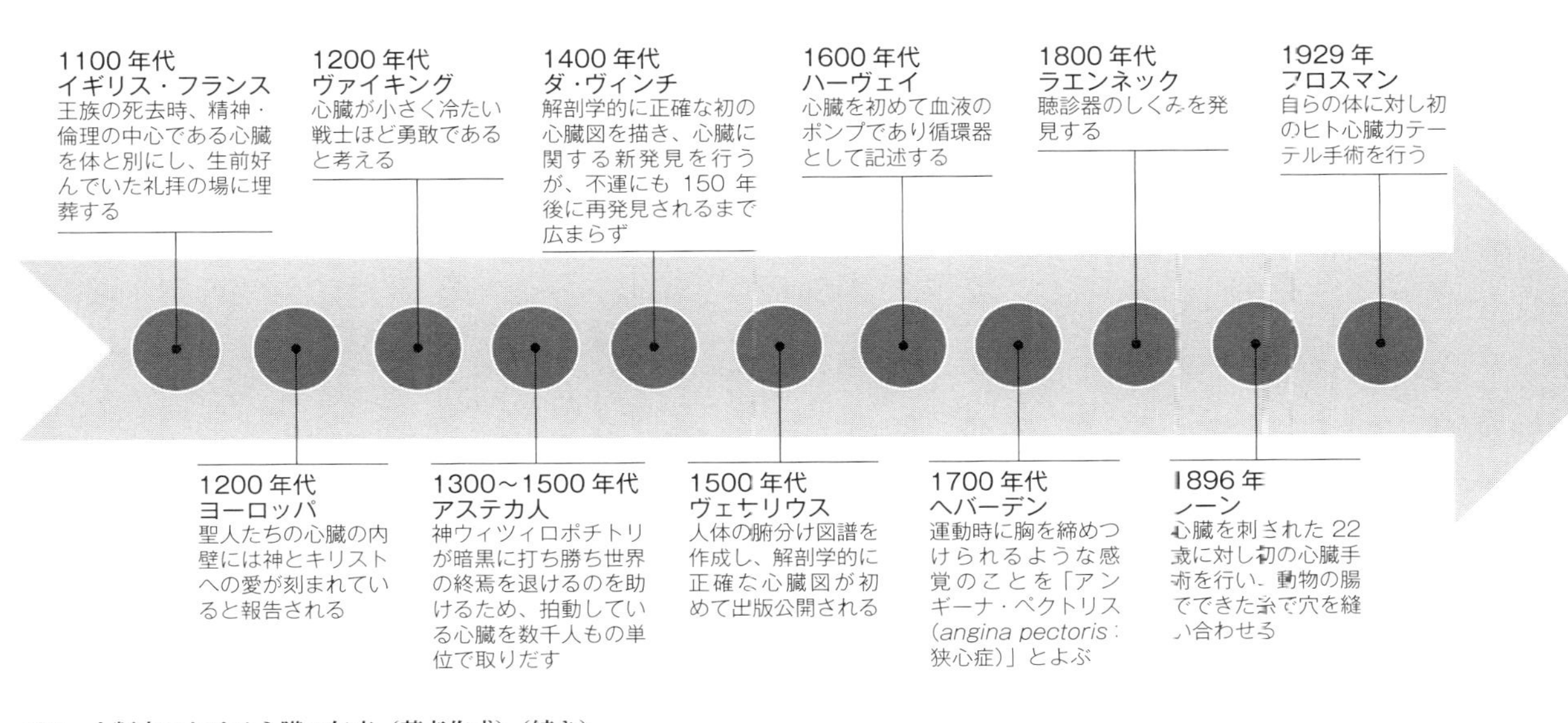

図 0　人類史における心臓の年表（著者作成）（続き）

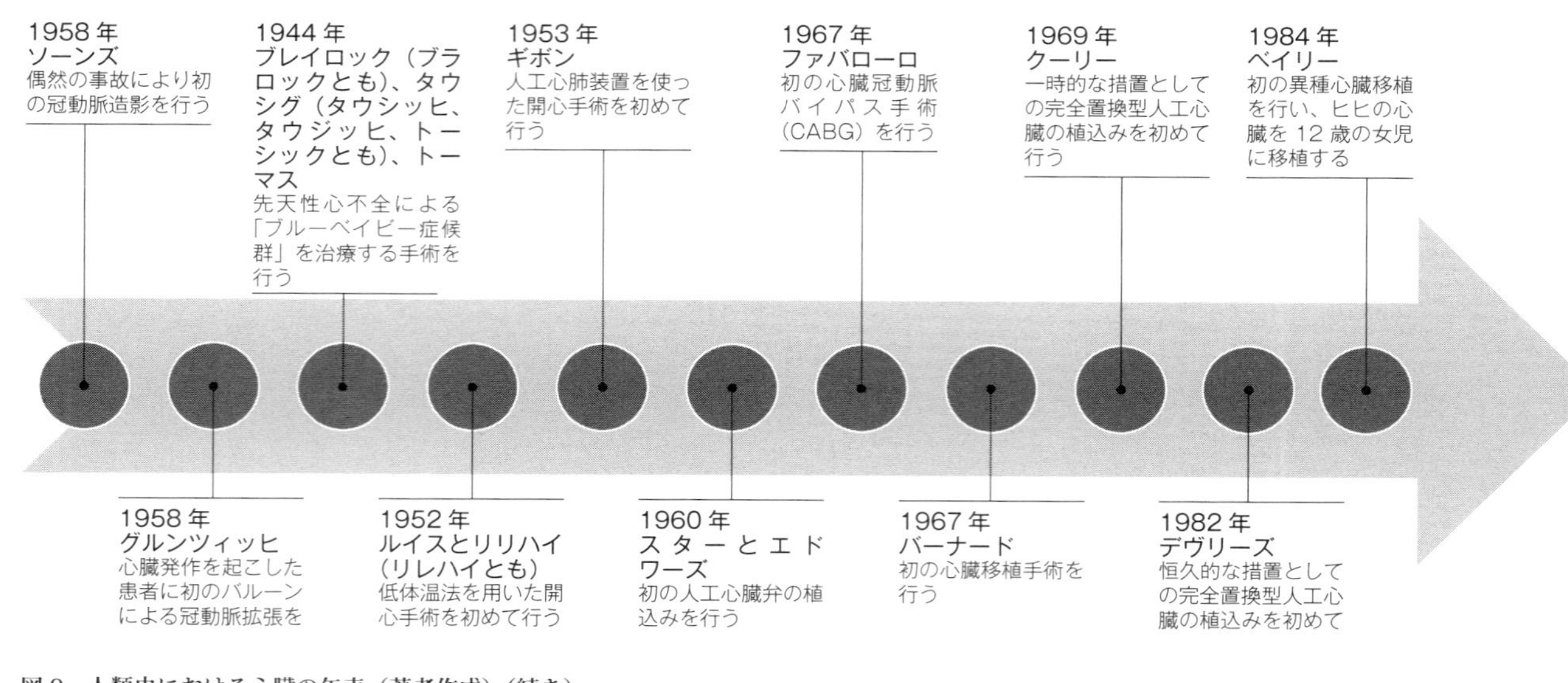

図0　人類史における心臓の年表（著者作成）（続き）

序　章

イングランド王チャールズ1世は手を伸ばし、親指とほか3本の指を、貴族の青年の左胸に開いた穴へと差し入れた。王は青年の拍動する心臓にそっと触れた。

「痛むか？」と王は尋ねた。

「いいえ、まったく」と青年はいった。

時は西暦1641年、国王チャールズはかねて主治医のウィリアム・ハーヴェイからこの青年の奇跡について耳にしていた。ハーヴェイは体中に血液を循環させる上での心臓の役割を初めて科学的に示した人物だ。おおいなる関心をもった王は、アイルランドのモンゴメリー子爵の息子であるその19歳の若者に会うことはできないかと尋ねたのだった。

彼〔第3代モンゴメリー子爵〕は10歳のとき、乗っていた馬の足がもつれ、突きだした岩の上に落馬した。岩は胸を貫き、左の肋骨が何本も折れた。傷は腫れ、そして癒え、少年の左胸に穴を残した。9年後、なお健在だった彼は、ヨーロッパ大陸の旅を経て今や有名な貴族となっていた。生きた人間の拍動する心臓を一目見たいと望む群衆を集めての興行の旅を終え、ちょうどロンドンへ戻ってきたところだった。ハーヴェイは王とともにこの若者の体を検(あらた)めた後、こう綴った。「私は心臓とその心室を、それらが自ら拍動するなか、ある若く活気に溢れた貴族の体内において、彼に危害を加えることなく手にとったのである。これゆえに、私は心臓が触覚を与えられていないと結論する」[*1]

歴史を通じて感情の中心として位置づけられてきた存在である心臓が、物理的な接触を感じとれないというのはおおいに皮肉な話だ。人類が初めて自分たちの考えを記録しはじめたときから、大多数の文明において、脳ではなく心臓が体内で最も重要な器官だと信じられていた。古代人たちは胸の鼓動が命を意味することを確かに知っていた。恐怖や欲求とともに激しく速くなり、死のときにはもはや動かなくなる。何千年にもわたり、エジプト人やギリシャ人、中国人、メソアメリカのテオティワカン人たちが、魂や情動、思考、知性の中心という、今日では脳が担う立場に心臓を高めていた。歴史を通じ、多くの社会では人は心臓を通じて神とつながるのであり、神は人の心臓の壁に記録された人生の徳と罪とを基に、その人が永遠の天上の幸福を得られる可能性を判断するのだと考えられた。

心臓が循環ポンプとしてはたらくという１６４１年のハーヴェイの観察は、その後何世紀にもわたる影響をおよぼした。科学者や医師は心臓について信じていた内容を変え、脳は情動と意識の管理者かつ唯一の器としての座をだんだんと代わりに占めていった。今日、私たちのほとんどは、脳が自分たちの体を統制しており、心臓の機能も脳の指揮下にあると信じている。心臓は循環器系を通じて血液を体中に送りだす単なるポンプなのだと、私たちは教えられてきた。

私たちは心臓をただのポンプに過ぎないものとして受け入れてきたために、ある人の心臓を別の人へと移植することは倫理的に正当だと判断した。しかし、時折、クレア・シルヴィアのような事例が生じてくる。元プロダンサーのシルヴィアは、心臓と肺の同時移植を受けた。彼女が受けとった心臓は、オートバイの事故で亡くなった、18歳のティム・ラミランドのものだった。心臓移植後、友人たちはシルヴィアが男性のような歩き方をしはじめたことに気づいた。シルヴィアはビールとチキンナゲットをしきりと欲しがるようになった。どちらも、移植手術前には彼女が嫌悪していたものだ。ティムの家族は、これらはティムの行動だといった。彼らは、シルヴィアがこのように振る舞うことには驚かなかった。なぜなら、シルヴィアのなかには今やティムの心臓があるのだから。この話はジェーン・シーモア主演の2013年の映画「Heart of a Stranger〔他人の心臓〕」の題材となったが、心臓移植後にドナーの性格を受け継いだとの報告はほかにも複数記録されてきた。これらの話からは、はたして心臓は単なる機械的ポンプなのか、それとも私たちの感情面の役割の一部は心臓に収められていて、心臓と共に移動するのだろうかと考えさせられる。

心臓専門医として、私は感情的な「心」と生理学的な「心臓」とが深い結びつきを示す事例に日頃から遭遇する。私は、それまで心臓疾患がなかった患者が、最愛の人の急逝後に心臓発作を起こすのを目撃してきた。また、応援しているチームがスーパーボウル〔アメリカンフットボールの優勝決定戦〕で負けたり、サッカーワールドカップのPKを外したりした後に心臓発作や突然死に見舞われた患者たちもいる。私は長年連れ添ったカップルが数か月以内に相ついで亡くなるのもよく目にしてきた。こうした数かずの事例、そして、心臓と情動のあいだの何千年にもわたるかかわりがありながら、近代医学はこの密接なつながりを蔑ろにしてきたようだ。本書ではその経緯を解説しながら歴史をひもとき、近代科学が今、歴史の中で失ってきたものを私たちが再考すべきだと示唆するさまを明らかにする。

医科学は近年、心臓には情動が収められているかもしれず、実は心臓が双方向性の「心臓－脳接続」の一部であることを見いだした。研究により、脳が心臓に指示をだすのと同じくらい、心臓も脳に指示をだすことが示唆されている。[*2] この領域での新たな研究が一つの科学的転換の始まりとなり、心臓に対する古今の文化的視野が統合されるかもしれない。心臓はもはや単なるポンプとして見られることはなくなるかもしれない。むしろ、心臓は再び、私たちの知的、精神的、身体的健康を確保する感情面の生命力の一部として認識されるのではないだろうか。

心臓は脳からの信号に最初に応答する器官だ――「闘争・逃走反応〔fight-or-flight response〕」のことを考えてみよう。あなたが森のなかを歩いているところにクーガー（アメリカライオン）が現れたら、脳は交感神経系を活性化させ、立ち向かって戦うか、逃げだすかのいずれかに備えて体を整える急激な反応を引き起こす。脳は心臓に対し、即座に拍動を速め、また強めるよう伝える。酸素を含んだ血液を体中の筋肉へと送りだし、動く準備をさせるのだ。脳はまた、心臓からの信号を最初に受け取る器官でもある。そうでなければ、私たちは急に立ち上がると失神してしまう体質になっていたかもしれない。心臓とその大血管群は血流量と血圧が低下していることを脳に警告し、脳は血管を収縮させてそれに対応して、脚に血液が溜まるのを防ぐ。

私たちが脳で認識する感情は心臓にも影響する。新しい恋に出会ったときに生じる身体感覚――頬の赤らみや体のほてり、胸の高鳴り――は心臓の反応の現れだ。この相互依存性、この心臓－脳接続こそが、私たちの健康にきわめて重要なのだ。だからこそ、人間たちは何千年にもわたって自分たちの情動、理性、そして魂そのものの在処を、私たちが生きていることを示すこの熱く拍動する器官に定めてきたのだ。古代の中国人やインド人は、心臓が幸せであることは、体が幸せであり、長く健康に生きられることを意味するのだと強調した。脳は冷たい灰色のムースのような塊とみなされており、粘液をつくりだす器官に過ぎないと考えられていた。古代エジプト人は遺体を保存する〔ミイラをつくる〕過程で脳を鼻の穴から鉤針で引きずりだしていた。

今日、脳が私たちの意識の本拠地として心臓に取って代わっているものの、心臓は私たちの文化の図像学においてなお中心的な役割を果たしている。愛する人からの携帯電話のメッセージに添えられたハートの絵文字や、車のバンパーに貼られたステッカーのハート形を見れば、私たちの暮らしのなかでいま心臓（ハート）が――少なくとも象徴的に――担う重要な役割を認識できる。心臓は恋愛と愛情のシンボルであり続け、より近年には、ハートの記号が健康と生命のしるしとしてなじみ深いものとなっている。

　私たちは、今でも感情を込めてこんなことをいう。「心の底から愛しているよ」。「あなたの姿に心を打たれました」。「彼女に心を傷つけられた」。私たちは「彼は心無い人だ」などと宣言し、他者に対して「どうかお心遣いを」と請い願う。「本心から話す」といえば誠実さを暗示し、「心境の変化」は和解や後悔をほのめかす。暗記することを「memorize it by heart〔「心で覚える」〕」と称する。米国では「私は……」と自分のことを指すときに、心臓に指を向ける。それでも、近代医学は魂や知性、情動の器としての心臓を否定してしまった。私たちは過去に心臓が占めていた位置をほぼ忘れてしまっている。その重要な役割が、私たちの受け継いできた文化的象徴や詩歌、芸術のなかに今も浸透しているにもかかわらずだ。

　医学が発展した今でも、世界の3人に1人は心臓疾患で亡くなる。あらゆるがんを合わせた死亡率よりも、心血管系の疾患で死ぬ割合の方が大きい。心臓疾患は乳がんより10倍多くの女性の命を奪う。米国では40秒に1人が心臓発作で亡くなる。現代の健康危機の三大要因――心臓疾患、うつ、ストレス――は、なぜもっと深く結びついたかたちで検討・治療されないのだろう?

　医学のほかのどの分野と比べても、心臓医学は20世紀に革新の最前線に置かれ、21世紀においてもなお続いている。20世紀は冠動脈バイパス手術、バルーンカテーテルやステントを用いた冠動脈血管形成術、人工ペースメーカーに除細動器、補助人工心臓、そして心臓移植の発明を目の当たりにしてきた世紀だ。喫煙や高血圧、コレステロールなどの心臓リスク因子――現在、米国人の半数がこれらの因子のうち一つ以上を抱えている——に狙いを定めた予防医学的対策は、心臓疾患による死者数の減少に役立った。結果として、心血管系疾患の発生率は1960年代から有意に減少した——だがそれでも、心血管系疾患は私たち皆の死因ナンバーワンのままだ。[*3]

私は、私たち全体の心臓の健康を向上させる解決策の一部は、心臓の文化科学史と、心臓が脳から切り離され、脳に支配される位置づけとなった経緯をよりよく理解することにあると確信している。今日、心臓は「取替えのきく」器官となっている。もし、ドナーの心臓がすぐに利用できなければ、弱りつつある心臓を抱えた患者が移植を待つあいだ、機械のポンプを胸に埋め込んで心臓の機能を代行させることができる。科学者たちは今、本人の細胞を使って新たに立体的な心臓を丸ごと育て、弱りゆく心臓と入れ替えることを目指している。現在、人間のドナーから提供される心臓の数が足りないため、ブタなど別の動物の心臓を人間に埋め込む研究が進められている。[*4]そしていずれ、遺伝情報を基にした個別化医療により、私たち一人一人が個々の遺伝的リスクに基づく心臓疾患の評価と治療を受けることもできるようになるだろう。[*5]

私は人生の大部分を心臓の研究とケアに充ててきた。そのため否が応でも、人類史全体を通じての心臓の意味合いを一つの視野に収めるような見方をするようになった。私は、心臓と脳の戦いが、いかにして心臓−脳接続に対する私たちの現在の文化的・科学的理解につながったかを探った。この本では、2千年前の人類の文明化の夜明けから現在に至るまでの、私たちの心臓に対する理解の進化を辿る（図0を参照）。私は本書で、心臓の存在意義についての私たちの信念がどのように発展してきたか、そして、その変遷の歴史が、心臓がどんな生命力を有するかという私たちの理解にいかに影響するかを検証する。私たちはずっと、自分たちの心臓を体の中心にあるものとして考えてきた——実際の体の中心は、臍の下の仙骨付近だ——が、私たちは心臓を何の中心的存在として考えているのだろうか?

私は過去に目を向け、祖先たちがこの不思議な器官のことをどう考えていたのかを調べてみた。心臓は時代を超えて崇められ、もてなされ、誤解され、そしてあらわにされてきた。心臓は歴史を通じて、詩人や哲学者、医師にとって重要な役割を果たしてきた。先史時代の人類たちから、古代社会や暗黒時代、ルネサンス、そして近現代に至るまで、心臓は文化によって異なるものを意味してきた。私は、体内の器官の「王」であった心臓が、日常生活では愛と健康の象徴として中心的存在であり続けながら、いかにして脳に従属する単なる機械仕掛けの血液ポンプとして軽視されるようになったのかを時系列的に検討する。この類稀なる器官に魅了された一人の内科医として、私は心臓のはたらきと心臓疾患についてのセクション〔第四部　心臓学入門〕も設けている。さらに、現代の心臓治療における進歩と、将来待ち受けている可能性がある物事についても論じる。私たちがこれから知ろうとしている内容は、私たちの大昔の祖先たちが心臓について考えていたことが、結局のところさほど間違ってはいなかったと示している。

私は「心血を注いで」この本を書き上げた。好奇心を掻き立てられるこの心臓史に、あなたも私と同じように魅力を感じてくれることを願う。

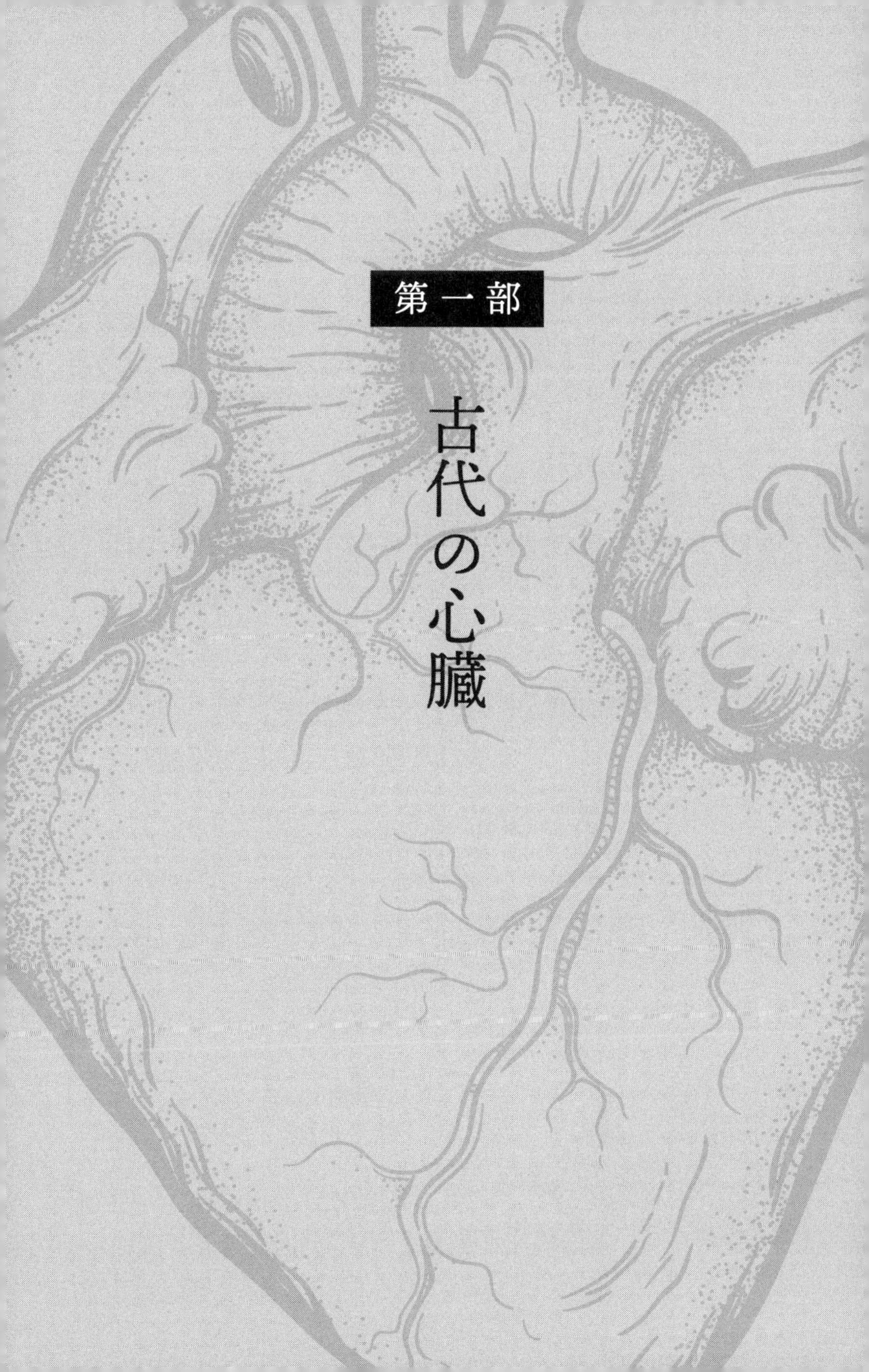

第一部

古代の心臓

第1章　心臓は命

1908年、考古学者たちはスペインのアストゥリアス州にあるエル・ピンダル洞窟で、赤い心臓のようなものが胸に描かれたマンモスの壁画を見つけた（図1・1）。後期旧石器時代のマドレーヌ期の人びとによって描かれたこの絵は、1万4千年前から2万年前ほどにさかのぼる。この絵を描いた古代の芸術家は、動物を殺す最良の方法はこの赤い、拍動する器官を射抜くことだと知っていたのだろうか。その形は標的として描かれたのかもしれない。

人類が村や町、都市国家へと定住しはじめた1万2千年前までのあいだに、おそらく人びとは心臓が自分たちの体のなかで最も重要な器官——自分たちが生きていられる理由——だと考えはじめていたことだろう。

♡

彼の心臓にさわったが、それは動いていなかった

ギルガメシュ叙事詩 第八書版 紀元前2600年頃

『ギルガメシュ叙事詩』――書物として現存することが知られている物語のなかで最も古い――の英雄である古代メソポタミア文明の王、ギルガメシュは、友エンキドゥの死を嘆いてこの言葉を発した。[*1] ウルク（古代メソポタミアの都市国家）の王だったギルガメシュと、エンキドゥとはもともと敵同士だったが、互いを尊敬するようになり、ついには最良の友となった。エンキドゥと出会ってからのギルガメシュは、市民のことをよりよく理解するようになったため、人民に対してよりよい王となった。エンキドゥは、女神イシュタルが（自分の誘惑を拒んだ）ギルガメシュを滅ぼすため送り込んだ天の牡牛をギルガメシュと共に倒したことへの復讐として神がみにより殺された。

ギルガメシュは友を蘇らせようとするが、結局のところ、その心臓がもはや動いていないことを知る。紀元前2600年前後に、現在のイラクにあたる場所でシュメール語の楔形文字により記されたこの一節は、脈をとることへの最古の言及例かもしれない。[*2] 4600年以上前に、人間たちは私たちの心臓が拍動し、体の各所で脈を感じられることを理解していた。天の牡牛を殺した後、ギルガメシュとエンキドゥはその心臓を切って取りだし、太陽神シャマシュへの供物とする――記録に残る最初の生贄の心臓だ。多くの古代社会でそうだったように、シュメール人の文

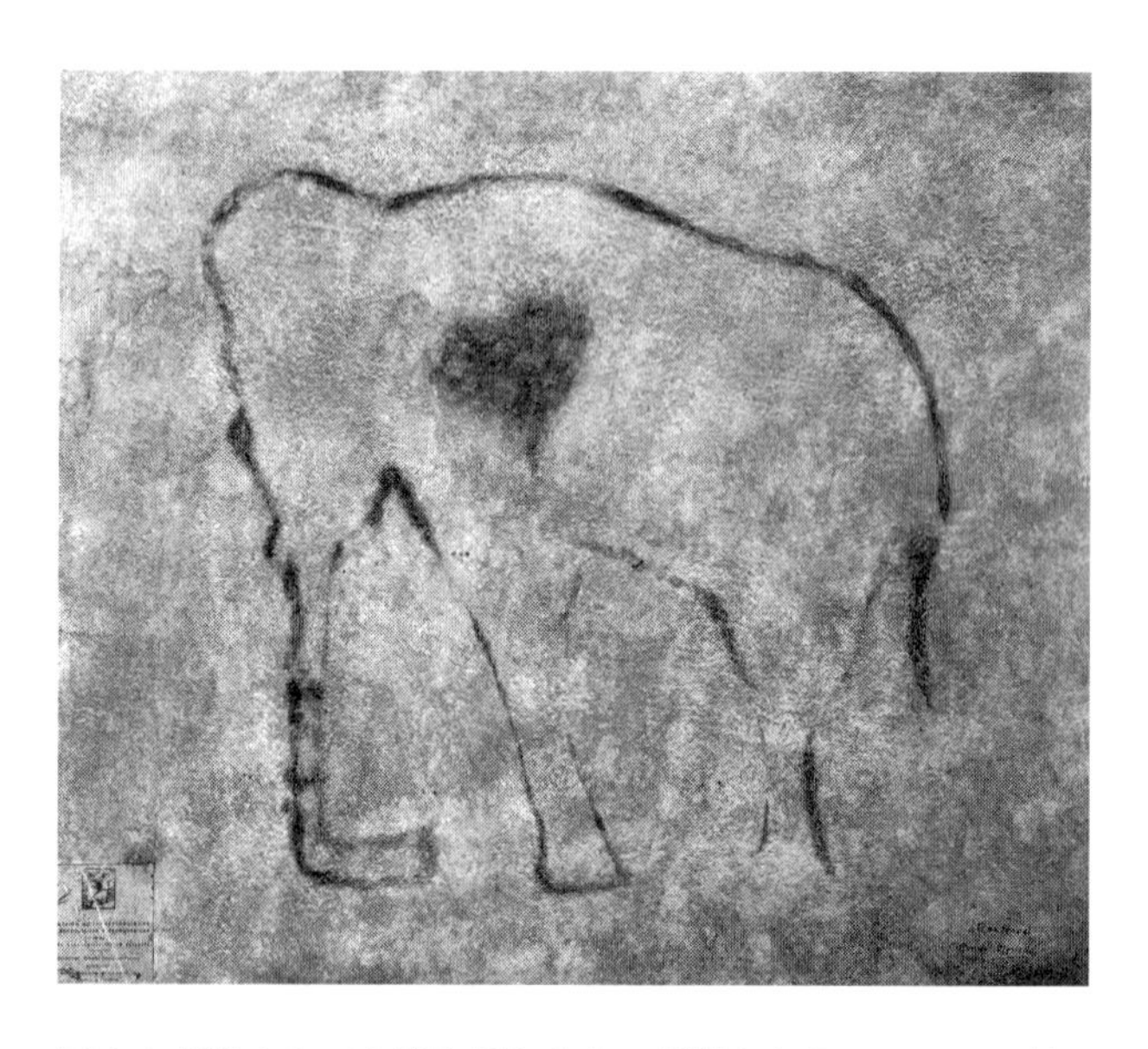

図 1.1 標的として心臓と思しきものが描かれたマンモスの絵

スペイン・アストゥリアス州のエル・ピンダル洞窟（出典：Album / アフロ）

化において心臓は重要な位置を占めていた。体内で最も重要な生命の器官であり、神がみを鎮めるための上等な犠牲だった。

１８４９年、古代アッシリア帝国の都市であったアッシュルとニネヴェから、シュメールの医学書を記した紀元前２４００年にまでさかのぼる粘土板が見つかった。これらの多くはアッシュバニパルの図書館（紀元前６００年代）に収蔵されていたものだ。アッシュバニパル王はアッシリアの最後の王だと考えられている。『ギルガメシュ叙事詩』も彼の図書館から発見された。

メソポタミア人たちは解剖学と生理学についての知識に乏しかったが、これは彼らが宗教上の禁忌から人間の解剖を禁じられていたためだ。疾患と死に対する彼らのアプローチは生理学的、解剖学的なものよりもむしろ精神的なものだった。心臓は知力の在処であると信じられており、肝臓は情緒の、胃は狡猾さの、子宮は同情心の在処とされた。彼らの医学書に脳への言及はない。てんかんや脳卒中、抑うつ状態、不安などの神経精神疾患は、怒りの神と悪魔が不幸な人間を襲うことで引き起こされると考えられ、寺院の宗教治療師によって取り扱われた。彼らの職務はおもに祈祷によるもので、悪しき活動により患者の症状を引き起こしている精霊に語りかけるものだった。楔形文字による文書は治療師たちが実際に臨床症状を観察し、薬草（痛みを和らげるものなど）を与えたことを示唆している。また、シュメールの治療師たちは患者の健康状態を評価するために脈もとった。エンキドゥは脈がなく、したがって命もなかった。

エジプトや中国など、ほかの場所で同時期に発展していた別の文明も、心臓の目的と重要性について独自の考えを発達させた。これらの古代文明すべてが、ある一つの点について同じ考えをもっていた。それは、拍動する心臓が命を意味することだ。

♡

おお、私が母から受け継いだ心臓よ、おお、私が地上で抱いた心臓よ、万物の主の下で証人として私に背かないように。私のしてきたことについて不利になる話をしないように。偉大なる神、西方の主の下で私に不利になることを何ももちださないように。

〔『死者の書』第30章B〕

紀元前2500年のエジプト人たちは、死の神であるアヌビス（墓地の周りをうろついていたジャッカル〔もしくは犬、狼〕の頭をした神）が死者を地下の世界であるドゥアトへと連れていくと考えていた。死者は冥界と来世の神であるオシリスの前へ、そして、正義の女神であるマアトのあいだにいる42柱〔原書では43柱〕の神がみの前へと連れだされる。ここで、死者の心臓が正義の天秤によってマアトの羽根――真理の象徴とされる1本のダチョウの羽根――と重さを比べられる（図1・2）。もし心臓が羽根より軽いか羽根と釣り合うかすれば、その人物は高潔な人生を送ったとされ、オシリスによって来世の楽園である葦の原野〔イアルの野〕へと導かれる。もし心臓が羽根より重ければ、女神〔雌の怪物〕アメミト（ワニ、ライオン、カバの混じったような姿をしている）がその心臓を食べ、死者の魂は滅びる。

古代エジプト人たちは、心臓は人びとが生前にした善悪のあらゆることを証明すると信じていた。多くの人はこの上なく高潔な人生を送るわけではなかったため、心臓が自分にとって不利な証拠となるのではないかと心配していた。審判の天秤は罪の重みで心臓の側に傾くかもしれない。心臓が不利な証拠となるのを防ぐため、人びとが亡くなって体をミイラにする準備が整うと、心

図 1.2「アニの『死者の書』」より，心臓の計量の様子

アニと妻のトゥトゥが一堂に会した神がみの下にやってくる〔向かって左〕．中央でアヌビスがアニの心臓の重さをマアトの羽根と比べ，その様子を女神レネヌテト，メスケネト，男神シャイ，アニ自身のバー〔魂〕が見守る．右では怪物アメミト（アニが復活に値しない場合に彼の魂を貪り食う）が判定を待ち，男神トトが判定を記録する準備をしている．上部に並ぶのは裁判員を務める神がみ（フゥとシア，ハトル，ホルス，イシスとネフティス，ヌト，ゲブ，テフヌト，シュー，アトゥム，ラー・ホルアハティ）．（出典：British Museum / Wikimedia Commons / Public Domain）

臓スカラベ〔護符〕が胸の上に置かれ、包帯の内側に包まれた。このスカラベに刻まれたのは、『死者の書』の第30章の文言だ（この節の冒頭の引用文）。

心臓は生命と存在の源だった。そして、古代エジプト人は遺体をミイラ化する儀式のあいだ、敬意をもって心臓を扱った。冥界へと移動してオシリスの裁きを受けるときに心臓が体内に留まっていることが重要だった。心臓はミイラ化処理の後に体内に戻される唯一の器官だった。胴体に入っていたほかの臓器は壺に収められてミイラのそばに置かれた。だが、脳はただ粘液を鼻に送り込むしか能のない、無価値の臓器だと思われていた。「脳」を指す古代エジプトの言葉は、大雑把にいうと「頭蓋骨の屑臓物」といった意味だった。そのため、心臓が慎重に保存されて体内に戻されたのに対し、脳は鼻の穴から差し込まれた鉄の鉤針で頭蓋骨から引きずりだされて捨てられていた。

医療という行為がどこで始まったのかは明らかではない。古代エジプトで始まったと考える人びともいれば、古代メソポタミアだという人もいる。紀元前1950年にまでさかのぼるパピルスは、エジプト人が4000年以上前に医療行為を行い、心臓を調べていたことを示唆している。[*4]

肉体における心臓とその機能のしくみについての最古の記述は、パピルスに記されたエジプトの3つの医学書に見られる。「エドウィン・スミス・パピルス」（紀元前1500年頃。外科手術についての世界最古の文書）、「エーベルス・パピルス」（紀元前1550年頃）、そして「ブルクシュ・パピルス」（紀元前1350年頃）だ。これらの古代エジプトの医学書は、粘土板に楔形文字で記されたメソポタミアの医学書（紀元前2400年頃）よりも後の時代のものだ。しかし、その内容は大幅に古く、紀元前2700年までさかのぼる文書の写しだと考えられている。もとの文書はおそらくエジプト古王国〔古代エジプトの統一王朝。エジプト第3王朝から第6王朝まで〕の高位の神官であり医師でもあったイムホテプの著作である。ジョセル王の宰相を務めたイムホテプは、王の階段ピラミッドの設計者で、歴史上初めて建物を支えるために石柱を使った人物でないかとされている。イムホテプはジョセル王の侍医長でもあった。彼は建築と医学について広範に文書を残したようだ。彼は後世のパピルス医学書、とりわけエドウィン・スミス・パピルスの基礎となった資料の著者だと考えられている。死後２０００年が経つと、イムホテプはエジプトの医学と癒しの神として崇められた。彼は王族以外で神格化された数少ないエジプト人の一人である。
古代エジプト人はミイラ作成のための遺体保存処理を実践していたため、彼らが詳しい解剖学的知識をもっていたのも頷ける。古代エジプトの医師たちは、手足で脈をとれる血管を心臓が生みだすのだと考えていた。エーベルス・パピルスには「心臓は四肢の一つ一つから声を上げる」のだと書かれている。曰く――

全身へと進む血管は心臓から生まれる。（中略）もし医師がその手あるいは指を、額に、後頭部に、手に、胃のある場所に、腕に、あるいは足に当てれば、彼は心臓を診ることになる。なぜなら、四肢のすべては血管を有するからであり、つまり、心臓は四肢の一つ一つから声を上げるのである。（中略）もし心臓が震え、力なく弱れば、病気は進行している。

古代エジプト人にとって、心臓は体の中心であり、そこから血管が体の各部につながっていた。人が気を失ったときには脈が一時的に失われることに彼らは気づいた。彼らは、脈が弱まり、胸の鼓動が通常の場所よりも左側に移る現象を記載した。今の私たちはこれを、うっ血性心不全と考えて矛盾のない、心臓が弱り、拡大した状態だと認識している。古代エジプトで、唾液の過剰分泌は「心臓の洪水」とよばれた。これは、急性心不全を起こした人がピンク色をした（血の混じった）泡状の唾液を多量に吐く様子を表したものかもしれない。古代エジプト人たちはエーベルス・パピルスにおいて、心臓と同じ側の腕と胸に生じる痛みは死が近づいていることを示唆すると伝えた。これは典型的な心臓発作の記述である！

古代エジプト人は心臓が知性の在処であり、ほかのすべての器官に指令をだしていると考えた。心臓は体を動かし続け、生かし続けるのに必要だった。エーベルス・パピルスではこう説明されている――

心臓と舌が四肢を統治するのは事実だ。これは、あらゆる神、人間、獣の体にはそれぞれ心臓があり、口にはそれぞれ舌があるとの教えによる。なぜならば、心臓は考え得ることを何でも考え、舌は望むことをすべて命じるからだ。目の見るもの、耳の聞くもの、鼻の吸うもの、これらは心臓に知らせをもたらす。知性の一つ一つの行いを存在せしめるのは心臓であり、心臓が考えたことを復唱するのが舌である。こうしてすべての仕事は果たされ、すべての手仕事、手の働き、足の進み、四肢の動きが、その指令によって為される。

古代エジプト人は自分たちの存在の中心である心臓が、血液だけでなく、空気や涙、粘液、尿、性液を、さまざまな経路からなる機構を通じて身体中に運ぶと信じていた。心臓は命を維持し、命を意味した。そのため、古代メソポタミア人と古代エジプト人は心臓が体内で最も重要な器官であると判断した。心臓の鼓動は命を意味した。死後の世界に行くためには心臓が体と共に残らなければならなかった。

さてその頃、古代中国人たちも体のことを調べていた。彼らは心臓が王として体を支配していると考えた。

♡

古代中国人たちにとって、心臓はあらゆる器官の王だった。[*5] ほかの臓器はすべて心臓のために自らを犠牲にすると考えられた――心臓が均衡を保つためにほかの器官は自らのエネルギーを捧げるのだ。君主たる心臓は体内の平和と全身の調和を維持する責務を担い、身体的、知的、感情的、精神的な健康を左右する存在だった。紀元前2600年の古代医学書『黄帝内経』の研究に基づき、管仲は紀元前3世紀より以前に、道家の古典となる著作『管子』で次のように記している〔実際には、『管子』は後世に複数の著者により徐々にまとめられたと考えられている〕。

心之在体、君之位也。九竅之有職、官之分也。心処其道、九竅循理。嗜欲充益、目不見色、耳不聞声。

（心臓は体のなかにあり、その位置は君主の地位に当たる。9つの開口部［2つの目、2つの耳、2つの鼻孔、1つの尿管、1つの肛門］が役割をもつのは、官吏の職分に当たる。心臓には独自の道理があり、9つの開口部はそれに従う。心臓の欲望が溢れてしまえば、目は色を見られなくなり、耳は音を聞けなくなる。）*6

『黄帝内経』は古代中国の黄帝〔伝説上の帝王。架空の人物ともされる〕によって今から47世紀前に書かれたとされる。この医学書は黄帝と侍医の議論を記録したもので、黄帝は健康や病、治療の性質について医師に尋ねる。心臓が五臓のネットワークを統治するという黄帝の考えを発展させるかたちで、紀元前2世紀、淮南王劉安の抱えた学者たちは道家の古典『淮南子』にこう記した。

夫心者、五藏之主也、所以制使四支、流行血氣、馳騁于是非之境、而出入于百事之門戸者也。是故不得於心、而有經天下之氣、是猶無耳而欲調鐘鼓、無目而欲喜文章也。

（心臓は五臓の主であり、四肢の動きを司り、血液と気［生命のエネルギー］を巡らせ、是非の境を分け、百事の入り口となるものである。これ故、心をもたずに天下を治めようとする気を抱くのは、たとえるなら、耳をもたずに鐘や太鼓の調べを奏でようとしたり、目をもたずに文目を見て楽しもうとしたりするようなものだ。）*7

〔『淮南子』より。原書で引用されている英訳文から一部改変〕

『黄帝内経』は古代中国医学の最も重要な文書とみなされていた。実に現代に至るまで、中国の伝統医学を実践する漢方医たちの参考書であり続けている。この古代の医学書は、シュメールの粘土板の医学書（紀元前２４００年）やエジプトの医師イムホテプ（紀元前２７００年）と同様の見解を示していた。古代メソポタミア、古代エジプト、古代中国の３文明はいずれも、心臓を体内で最も重要な器官とみなしていた。心臓は体の統治者であり、生命の決定要素だった。１５７０年、明王朝の時代に李豫亨（Li Yuheng）はこう記している。

　墳素之書以心為身中君主之官、神明出焉、以此養生則壽、沒齒不殆。主不明則道閉塞而不通、形乃大傷、以此養生則殃。

（古典〔『黄帝内経』〕は心臓を体の君主とし、精神の座であるとした。心臓に栄養を与えれば人生は長寿となり、命が尽きるときまで危険はない。しかし、この君主〔心臓〕が不覚に陥れば、道は行き詰まり、身体に深刻な害がおよぼされ、人生は悲惨なものとなる。）[*8]

〔李豫亨『推篷寤語』より。原書で引用されている英訳文から一部改変〕

また、『黄帝内経』が長きにわたって中国の心臓観（生命における重要性）におよぼした影響の例は、李梴の１５７５年の著作にも見られる〔『醫學入門』。17世紀から19世紀にかけて日本、朝鮮半島、ベトナムでも復刻書が刊行され、大きな影響を与えたという（２０１０年「日本医史学雑誌」第56巻 第2号による）〕。

心者、一身之主、君主之官。有血肉之心。形如未開蓮花、居肺下肝上是也。有神明之心。神者、精血所化、生之本也。

（心臓は一身の主であり、君主の器官である。血肉の「心」がある。花びらが開ききる前の蓮の花のような形で、肺の下、肝臓の上に位置しているのがこれである。精神と知性の「心」がある。神〔精神や意識〕は氣と血が変化したもので、生命の源である。）*9

〔李梴『醫學入門』第一巻より。原書で引用されている英訳文から一部改変〕

ウィリアム・ハーヴェイが循環器系を「発見」するより4千年も前に、古代中国の医師たちは血液の循環を理解していたようだ。『黄帝内経』には「すべての血は心臓の管理下にある」、「血は絶えず循環して止まることがない」、「血液〔氣〕は流れるが、それは川の流れ、あるいは軌道を回る太陽と月のように絶え間ないものである」といった記述がある。*10

古代中国人にとって、心臓は体内の器官を統治していた。体を活性化させる霊気と血液を生みだす「生命の源」だった。心の充足は健康な暮らしを意味した。脳は栄養を与える（骨髄のような）髄に過ぎなかった。今の私たちが脳の機能として認めるものは、心、肝、脾、肺、腎の五臓に帰するものとされ、心臓からは喜び、肝臓からは怒り、脾臓からは深い思考、肺からは悲しみや憂い、腎臓からは恐れや驚きが生まれると考えられた。

古代中国人のように、古代インド人たちもやはり心臓が生命と意識の場だと考えていた。世界最古のホリスティック（全身的、統合的）療法体系の一つであるアーユルヴェーダ医学では、心臓はプラーナ（生命の力）を動かす主要な存在とされた。[*11] アーユルヴェーダは、人の健康は心、体、精神のあいだのバランスによるとの信念に基づいている。アーユルヴェーダ医学についての古代の文書は紀元前1600〔1500?〕年頃の前期ヴェーダ時代のインドで書かれている。

アーユルヴェーダ医学の知識は、ヒンドゥー教最古の聖典集であり、4種類の「ヴェーダ〔知識、文書〕」が見つかっている「サンヒター（本集）」に記載された。『チャラカ・サンヒター（チャラカ本集）』（紀元前500年）は、人体、食事と衛生、幅広い疾患の症状と治療について知られていた内容を記述したものだ。『スシュルタ・サンヒター（スシュルタ本集）』（紀元前200年）は、死体解剖や発生学、人体解剖学を記述した。ここにはアルコール依存症の治療についての項さえある（そう、紀元前200年にもアルコール依存症は問題になっていたのだ）。

アーユルヴェーダの本集は、心臓には10の主要な出口（血管）があると記しているが、これは古代中国の医師たちが記述した9つの門と似ている。心臓から伸びる血管は体のほかの部分へ栄養を運ぶとされた。心臓は「ラサ〔乳糜：食物が消化されて最初につくられる栄養源〕・ヴァハ〔運ぶ〕・スロータス〔経路〕」をつなぎ、体に生命の源となる液を与えるものだった。

意識・精神を指す「マナ」は心臓にあるとされた。マナは感覚器、運動器、そして魂を調和させるものだった。『チャラカ本集』では、精神と思考が心臓にあるとされた。『スシュルタ本集』では、精神と知性の座として、心臓が胎児の体内で最初に発達すると記されている。初期のアーユルヴェーダの教えでは心臓が魂と意識の本拠地であることが広く認められていたものの、この伝統的な考えかたに異議を唱える者もいた。『ベーラ・サンヒター（ベーラ本集）』（紀元前４００年頃）では、マナは脳にあると書かれ、一方で思考を指す「チッタ」は心臓にあるとされた。精神による運動機能と感覚機能は脳にあると考えられたが、心理機能は心臓にあるものとされていた。これは、昔のアーユルヴェーダの思想家たちが２０００年以上前から心臓－脳接続のことを書き表していたのかもしれない。

〔古代ギリシャの〕アレクサンドロス大王とその軍隊（学者や医師もいた）は、紀元前３２６年、インド亜大陸と中央アジアの連結部にあったタキシラ（現在のパキスタン国内に位置する）を平和裏に掌握した。古代インドと古代ギリシャ、これら２つの文化が混じり合うことは、すなわち両者の学問の交流が起こることを意味した。実のところ、両者の医学知識体系における心臓についての仮説には驚くべき共通点があった。

昔のギリシャ人たちは、心臓が生命を決定すると信じていた。人間の命であろうと、神の命であろうと。葡萄酒と恍惚の神、ディオニュソス――実に紀元前1500年代の昔、都市国家ミュケナイの古代ギリシャ人たちに崇拝された――〔少年神ザグレウスの姿をとっていたとする伝説もある〕は、ゼウスとペルセポネの子だった。ゼウスの妻である嫉妬深いヘラは、この子をティタン（巨人）たちに殺させた。巨人たちはディオニュソスを切り刻み、煮込んで食べ物にした。ゼウスの愛娘であるアテナ（ゼウスの頭部から、成人して鎧をまとった状態で生まれてきた）が、ディオニュソスの心臓を巨人たちが食べてしまう前になんとか回収した。その後、ゼウスはディオニュソスの心臓をすり潰し、秘薬に漬け、美しい人間の姫セメレー〔ゼウスは人間の姿で彼女と交わっていた〕に飲ませた。セメレーがゼウスに真の姿で現れてほしいと頼むと、彼女は〔真の姿のゼウスが纏っている雷により〕焼かれて黒焦げになってしまったが、ゼウスが彼女の子宮から〔胎児であった〕ディオニュソスを救いだし、出生時まで自分の太腿に縫い込んでおいた。

古代ギリシャの心臓論と類似点があるものの、アーユルヴェーダ医学はさらに一歩進んで、ラサが体のあらゆる部位に運ばれた後で再び心臓に入ると記述した（これが後に血液循環の概念となる。ハーヴェイの発見に2000年先立つ記述だ）。『ベーラ本集』（紀元前400年頃）では、「血液［ラサ］はまず心臓から放出され、続いて体のあらゆる部位へと共有され、その後、心臓へ戻される」とある。

古代インドと古代ギリシャのあいだではいくらかの知識の交換があったかもしれないが、古代ギリシャ人――そしてその後の古代ローマ人――たちは心臓と体のはたらきについての独自の理論を頑なにもち続けた。ヨーロッパが１０００年にわたる暗黒時代に陥ったとき、科学的発見は封じられた。これにより、心臓についての一切の新知識の発見は、ルネサンスの到来とレオナルド・ダ・ヴィンチやウィリアム・ハーヴェイのような人物の登場まで止まってしまった。

第2章　心と魂

古代の文化がより発展し、詳しい観察や考察の時間がより長くとられるようになると、人は自分たちの体のどこに知的能力——意識と論理的思考——が備わっているかを問いはじめた。形をもたない生の本質、魂はどこにあるのだろうか？　古代人のなかには、心臓に魂が収められていると信じる人びとがいた——心臓中心主義者たち（cardiocentrists：ギリシャ語で心臓を指す「カルディア」が由来）である。また、脳に魂が収められていると信じる古代人もいた——脳中心主義者たち（cerebrocentrists：ラテン語で脳を指す「ケレブルム」が由来）である。古代シュメール人や古代エジプト人、古代中国人、古代インド人、一部の古代ギリシャ人（すなわちアリストテレスら）、古代ローマ人など、大部分の古代文化人は心臓中心主義者で、脳ではなく心臓が体内の情動や思考、知性の場だと信じていた。

プタハというのは古代エジプトの創造神だ。古代エジプト人たちは、プタハが万物に先立って存在し、自分の心臓を使って世界を生みだしたと考えていた。ヌビア人のファラオ、シャバカは紀元前700年頃につくられた石板碑文を所有し、それをメンフィスのプタハ大神殿から見つかった、メンフィス神学とよばれる過去の神学のパピルス文書（紀元前3000年頃から紀元前2400年頃）の写しだと主張していた。この石板「シャバカ・ストーン」には次のような宣言が記されている。「プタハは彼の心臓の思考により世界を着想し、彼の言葉の魔法を通じて生命を与えた」。

古代エジプトの言葉で心臓を指すのは「イブ」（もしくは「アブ」）だ。イブは肉体としての心臓を意味することもあれば、精神や知性、意志、願望、気分、理解を指すこともできた。古代エジプト人は、心臓が受胎時に母親の心臓からの血の一滴によってかたちづくられ、肉体的な死の後も生き残ると信じていた。死のときには、その人が高潔な人生を送ったかどうかを判断するためにイブがマアトの羽根の重さと比べられ、オシリスに葦の原野へと導かれるか否かが決まる。もしイブがマアトの羽根よりも重ければ、女神アメミトがその心臓を食べ、魂は滅ぼされる。古代エジプト語には「イブ」を取り入れた複合語が数多くあった。「*aA-ib*（偉大さ・心）」は「誇る、傲慢な」。「*awt-ib*（長い・心）」は「喜び」。「*aq-ib*（信頼された・心）」は「親友」。「*awnt-ib*（熱望する・心）」は「貪欲な」。「*bgAs-ib*（衰弱した・心）」は「心に苦しみがある」。「*arq-HAty-ib*（洞察力のある・心）」は「賢い」。「*dSr-ib*（赤くする・心）」は「激怒した」。「*rdi-ib*（捧げる・心）」は「専念する」。そして「*ib-ib*（心・心）」は「お気に入り」や「愛」だ。[*1]

古代エジプトのパピルス医学書では、脳のことにはたいして触れられていない。粘液を産生する臓器としてのみ記述され、その粘液は鼻から排出される。生と死は心臓の問題だった。

心臓を魂の地位へ押し上げたのは古代エジプト人たちだけではない。同時代の頃には、古代中国人たちも心臓が体の「君主」であり、精神の入れ物であると考えるようになった。

♡

古代中国人は、心臓が意識や知性、情動の座だと考えた。心臓はその人の神（シェン）（精神）を抱いているとされた。心臓は中国の伝統医学において特別な重みをもっていた。ほかのすべての器官の「君主」であり、体が健やかで整っているときには、心臓は優しく慈悲深いリーダーであるのだった。

中国哲学では、心（シン）は人の気質や情動、自信、ほかの人や物に対する信頼を指すのに使われる。「心（シン）」の字そのものは肉体としての心臓を指すが、「心（こころ）」として読み替えられることもある。古代中国人たちは心臓が魂や思考、知性、情動の座だと考えた。[*2] この理由から、「心（シン）」という語は「心臓＝心」と訳されることがある。対照的に、脳は中国の伝統医学で臓器の分類に含まれていなかった。今の私たちが脳機能や脳疾患とみなすものは、心、肝、脾、肺、腎の五臓の調和のとれた相互作用の結果とされた。

♡

古代中国の「心（シン）」のように、サンスクリット語（ヒンドゥー教の古代言語）で心臓を表す言葉は「フリダヤ（ヒリダヤ）」または「フリダヤム（ヒリダヤム）」で、これもまた「意識の座」や「魂」といい換えることができる語だった。[*3]「フリダヤム」は、受け取ることを意味する「フリ」、与えることを意味する「ダ」、そして動き回ることを意味する「ヤム」（後に「ヤ」へと変化）でできていると提唱されてきた。これは、３５００年前から伝わる心臓の収縮と血液循環の様子の象徴なのだろうか？

古代インドで、守りの神、悪の破壊者、そして宇宙と生命の再生者であるシヴァは、「心臓の君主」を意味する「フリダヤナート」の名でも知られていた。シヴァの妻のパールヴァティーは、「心臓の女神」を意味する「フリダイェシュワリー」として知られていた。

♡

世界各地の古代社会が、人の意識の存在（魂）は心臓にあると説いていた。古代ギリシャ人たちもおそらくそれらの教えのことを知っていたのだろう。西洋思想がギリシャで発展しはじめたとき、魂の場所が心臓中心主義者と脳中心主義者のあいだでの争いの的となった。[*4]そして、心臓中心主義者たちにはその指揮者としてアリストテレスがいた。彼は紀元前330年頃にこういっている。「心臓は一つの生命体全体の極みである。それゆえ、認識の力の本質と、自らを育む魂の能力は心臓に存在するに違いない」。

何人かの昔のギリシャの思想家たちは、魂が脳に収まっていると結論づけた。その最初の人物は、クロトンのアルクマイオン（紀元前500年頃）かもしれない。アルクマイオンはまた、精液が脳でつくられ、脊髄を通って下方へと運ばれると考えていた。最も有名なギリシャの脳中心主義者はヒポクラテス（紀元前400年頃）で、その理論の大部分はアルクマイオンの著作に依っていた。だが、ストア学派とアリストテレスとコスのプラクサゴラスは、心臓が体の最も重要な器官だと信じていた。アリストテレスはその信念をニワトリの胚の観察中に抱いた。というのも、心臓が最初に形成される器官であるのを見たからである。「心臓はあらゆるものの最後に命が動かなくなる場所である。そして、われわれは普遍的に、最後にかたちづくられるものは最初に動かなくなり、最初にかたちづくられるものは最後に動かなくなることを見いだす」と、紀元前350年にアリストテレスは著書『動物誌』に綴った。

アリストテレスはまた、『動物部分論』において、心臓は「中心であり、動的であり、そして熱く、体の残りの部分との情報伝達を果たす諸構造で満たされている」と書いている。心臓は中心の器官、「あらゆる動きの源」であった。「心臓が魂を生命の器官と結びつけるため」である。それゆえ、彼にとって心臓が魂の場であることは理に適っていた。脳は体の中心からほど遠く、冷たかった。心臓は温かく、温かさは生命に等しいものとみなされた。アリストテレスは心臓が人の意識と知性の源だと信じていた。彼の考えでは、脳は冷却ユニットとしてはたらき、血液と心臓を粘液で落ち着けるのだった。この発想は長く残り、脳下垂体の英語の呼称「pituitary gland」は、ラテン語でこの粘液を指す「*pituita*」に由来してつけられた。

アリストテレスが心臓を人の意識と魂の座と考えていたのは何も馬鹿げた話ではない。実際、急に強い情動に見舞われると脈が高まったり、心拍をより強く感じたり、不整脈や心臓発作、そして突然死に見舞われたりすることがある。今の私たちはこれらの反応が心臓－脳接続の一環だと知っているが、アリストテレスはこれを一人の科学者として観察していた。それ故、彼にとっては心臓が魂の座であることは納得がいった。アリストテレスが心臓を人の存在の中心として脳よりも上の地位に押し上げたことで、その後２０００年近くにわたって心臓はこの中心的立場を守り続けた。

♡

紀元１６２年に金と名声を求めてローマに移り住み、ガレノスの名で知られたギリシャ人医師、ペルガモンのクラウディウス・ガレヌス（紀元１２９年～２１６年）は、心臓が体の熱の源であり、血液は心臓に熱せられることで紫から赤に変わるのだとするアリストテレスの考えに同意していた。[*5] ガレノスはヒポクラテス後の古代社会で最も重要な医師とみなされていた。『身体諸部分の用途について』（紀元１７０年頃）にガレノスはこう書いている。「心臓はいわば身体の内なる熱の炉石であり源で、魂と最も密接に関係する器官である」。しかしながら、ガレノスは脳が心臓を冷やすという点についてはアリストテレスに同意せず、冷却するためには脳がもっと心臓に近くなければならないだろうと論じた。

ヒポクラテスとプラトンの教えを学んだ後、ガレノスは魂の三部分構造を信じるようになった。彼はプラトンの用語を使い、理性的な魂は脳に、気概的な魂は心臓に、欲望的な魂は肝臓にあると説明した。脳は認識を指揮し、心臓は情動を指揮するのだ。

最初期の文明は心臓中心主義的で、脳ではなく心臓が体内の思考と魂の場だと考えていた。これらの考えは中国（漢方医学）とインド（アーユルヴェーダ医学）でその後何世紀も影響力をもった。西洋では、ヒポクラテスやプラトンなどの脳中心主義者が一部にいたものの、アリストテレスとガレノスの教えがカトリック教会によって真理として扱われた。これらの考えはその後１５００年間にわたり、ヨーロッパの暗黒時代を通じて受け入れられた――それ以外の考えを信じることは冒涜であった。

第3章　心臓と神

古代文明の民は、自分たちの存在と宇宙の創造を説明するために、神がみもしくは唯一神を思い描いた。多くの文明では、神は各人のなか、心のなかにあった。多くの人びとにとって、神とつながる方法は心臓を通じてだった。

古代インドのウパニシャッドは、先述の4種類の「ヴェーダ」に含まれるサンスクリット語の宗教的・哲学的専門書群で、ヴェーダ時代（紀元前1700年頃から400年頃）の後期に書かれた。ウパニシャッドは古代インドの宗教・精神的概念の発展において重要な役割を果たした。ウパニシャッドでは心臓を「ブラフマン」の場と説明した。ブラフマンは、ヴェーダ時代のサンスクリット語で宇宙の原理、転じて神を意味した。ウパニシャッドの一つ、『チャーンドーグヤ・ウパニシャッド』〔『チャーンドーギヤ・ウパニシャッド』とも〕はこう記す。「心臓の内にあるこのアートマン〔個の根源、真我〕は、大地より大きく、虚空より大きく、天よりも大きく、これらの世界よりも大きい。（中略）。それこそ心臓の内に在る我がアートマンである。それはブラフマンである」〔第

3編14章、シャーンディリヤの教え」。

古代インドで心臓は魂を宿し、あらゆる思考と情動を司った。[*1] 心臓は人の自己の在処だった。心臓は人がブラフマンの愛を実感する、天と地を結ぶ連絡路だった。心臓は魂の拠り所であり、神の愛の座だった。『ブリハッド・アーラニヤカ・ウパニシャッド』はこう宣言した。「心臓は、おお王よ、万物の住まいであり、そして心臓は、おお王よ、あらゆる存在の拠り所である。心臓は真に、おお王よ、至高のブラフマンである。その者の心臓は彼を置いて失せはしない。このことを知り、心臓を崇拝する者を」〔第4編1章7節〕。

♡

歴史上最も影響力の大きな宗教哲学の一つである儒教は、紀元前6世紀から5世紀に孔子が興したものだ。儒教の重要な目標は、自然との内的な調和を得ることである。孔子は「どこへ行くにも、心を尽くす」ことを説いた。彼は心臓が、脳の企みに妨げられなければ、私たちを倫理的に導いてくれると信じていた。「自らの心を覗き込み、そこに何も誤ったことがなければ、何を心配することがあろうか？　何を恐れることがあろうか？」。

紀元前4世紀の中国の思想家で、儒教においては孔子その人に次ぐ第2の重要人物である孟子は、学びとは「放ち失った心を探し求める」道であると説いた。「求めれば得られるが、捨て置いておけば失われる」。

♡

東洋の別の道徳的宗教、仏教では、般若心経が最もよく唱えられ、研究されてきた経典の一つとなっている。般若心経は般若経（紀元前100年から紀元500年のあいだに書かれたと考えられている）を構成する40ほどの経典の一つだ。仏教徒は日々の瞑想のなかで般若心経を唱える。サンスクリット語で『プラジュニャーパーラミター・フリダヤ』（智慧の完成の心臓〔中心、心の髄〕）と題された般若心経は、仏教の重要な概念である空（くう）（サンスクリット語で「シューンヤ」）の性質を説く。

明代後期の四大高僧の一人、紫栢真可（しはくしんか）は、般若心経についてこう書いた。「これは三蔵〔仏教の経典の総称〕全体を要約した最も重要な経典だ。人体には数かずの器官と骨があるが、心臓は最も重要だ」。

♡

一神教である、はるか西方のアブラハムの宗教群〔ユダヤ教、キリスト教、イスラム教など〕では、人びとは自らの心臓を通じて神とつながった。ヘブライ語で書かれたユダヤ教のトーラー〔律法〕（紀元前700年～紀元前300年）には、心臓を指す語「レヴ」が700回以上でてくる。ヘブライ人たちにとって、心臓は個人のなかにおける神の存在の場だった。心臓は人の精神的、倫理的、感情的、知的行為の中心だった。

私は彼らに私を知る心を与えよう、私が主であると知る心を。（エレミヤ書 24章7節）

顔かたちや身のたけを見てはならない。私はすでにその人を捨てたからだ。私が見るところは人とは異なる。人は外の顔かたちを見、主は心を見る。（サムエル記上 16章7節）

何にも増して、あなたの心を守れ。あなたが行うあらゆることがそこから流れでるからだ。（箴言 4章23節）

だが、心（心臓）は善の源にも悪の源にもなりうる。

主の掟はその心にあり、その歩みは滑ることがない。（詩篇 37章32節）

知者の心は彼を右〔正しいほう〕に向けさせる。愚者の心は彼を左〔誤ったほう〕に向けさせる。
（伝道の書 10章2節）

♡

さらに、心（心臓）はキリスト教の新約聖書（紀元50年〜150年）に105回登場する。心臓はその壁の内側に神についての知識を収めていた。心臓によって、人は神の高次の愛を得ることができた。初期のキリスト教徒たちは心臓が魂の場だと考えていた。心臓は人の霊的活動のみならず、人間の生命のあらゆる心身活動の中心だった。

あなたがた自身が私たちの推薦状である。私たちの心に記され、すべての人びとに知られ、また読まれる。そして、あなたがた自身が私たちによって届けられるキリストからの手紙であり、インクではなく生ける神の霊によって、石板にではなく人の心の板に書かれたものであることを示している。（コリント人への第二の手紙 3章2節、3節）

彼らは神の律法が自らの心のなかに記されていることを示し、彼らの良心も心臓と共に証（あかし）をし、その考えが互いに訴え、あるいは弁明しあうのだ。（ローマ人への手紙 2章15節）

心の清い者たちは幸いである、彼らは神を見るであろうから。（マタイによる福音書 5章8節）

「汝の心を尽くして主なる汝の神を愛」すことは、新約聖書のマタイによる福音書、マルコによる福音書、ルカによる福音書で繰り返し伝えられている。

ヒッポのアウグスティヌス（聖アウグスティヌス）は、『告白』（または『告白録』『懺悔録』）（紀元400年頃）において、この世での愛と神の愛とのあいだで分断される心を「不安な心（*cor inquietum*）」と表現した。[*2] 彼は、あらゆる心臓は神による火花を宿すと書いた。もし火がつけば、心臓は燃え上がって聖なる光となり、神と一体になる。この燃え上がる心臓は後世の宗教画において聖アウグスティヌスの象徴となった（図3・1）。

12世紀、フランスの修道院長で、後に聖人として列されたクレルヴォーのベルナール（聖ベルナール、ベルナルドゥス）は、「*Cor Jesu Dulcissimum*（イエスのとても優しい心）」への祈りを著し、それがカトリック教会の最もよく知られ、広く実践された信仰のかたちの一つである「聖心崇敬」が形成される一助となった。光の筋を放ち、矢による傷をもち、時に荊の冠に包まれた聖心（聖なる心臓）は、イエス・キリストと彼の人類への愛の象徴となった。この心臓の像は崇拝の対象となり、中世からルネサンスの芸術の一般的な題材となっていた（図3・2）。

図 3.1 最も聖なるイエスの心臓を受け取るヒッポの聖アウグスティヌスの肖像

17 世紀，フィリップ・ド・シャンパーニュ画.（出典：Los Angeles County Museum of Art / Wikimedia Commons / Public Domain）

図 3.2「5つの傷」〔イエス・キリストの磔刑時の傷〕を背景としたイエスの心臓

〔磔刑時に〕ロンギヌスの槍によってキリストに与えられた傷が描かれている15世紀の写本（Cologne Mn Kn 28-1181 fol. 116）.（出典：http://www.ceec.uni-koeln.de / Wikimedia Commons / Public Domain）

イスラム教の聖典のなかには、心臓の生理学的および解剖学的知識、そして心臓疾患についての言及までもが見つかっている。クルアーン〔日本ではコーランとも〕（アッラーからムハンマドに直接与えられた啓示。紀元600年代）とハディース（ムハンマドが伝えたとされる実践的な規範・慣行集。紀元700年代〜800年代）である。心臓はクルアーンに

180回登場する。初期のイスラム教の教えにおいて、心臓は感覚と理性の中心だった。健やかな心臓は敬虔で理性的である一方、病に冒された心臓は非人道的で理解力を失っているとされた。

以上〔がアッラーの命じられたこと〕である。そして誰であれ、アッラーの儀式を尊重するのは、真に心の敬虔（けいけん）さからそうするのである。〔第22のスーラ〔クルアーンの章〕「巡礼（アル・ハッジ）」、32節〕

彼らは地上をくまなく旅しなかったのか、そして心に理解させ、耳に聞き取らせなかったのか？　誠に、盲（めし）いるのは目ではなく、彼らの胸の奥の心が盲いるのだ。〔第22のスーラ〔クルアーンの章〕「巡礼（アル・ハッジ）」、46節〕

現在の医学における心臓の知識は、心臓を「血液のポンプ」に過ぎないものだと説明し、心臓の神秘性を剥ぎ取ってしまった。心臓はもはや魂の保管庫でもなければ、神との関係性を結ぶ場でもない。しかし、心臓は比喩のなかでは今も献身的な愛の象徴であり続けている。今でも多くの人が「神に心〔心臓〕を委ねよ」というではないか。信心深い者にとって、神は頭のなかにいるのではなく、心臓のなかにいるのだ。

第4章　感情に満ちた心

サンスクリット語で書かれた古代インドの叙事詩『ラーマーヤナ』（紀元前600年代）で語られるラーマの物語（図4・1）では、愛と忠誠が心臓のなかに位置づけられている。

邪悪なラーヴァナ［悪鬼の王で複数（10）の頭をもつ］とその手下たちを倒し、14年の追放から戻ったラーマは、アヨーディヤーの王として戴冠した。祝典では、高価な装飾品や贈り物が皆に分け与えられた。ラーマを支える（猿の）大将であり、熱心な信奉者であるハヌマーンは、ラーマの妻であるシーターから見事な真珠の首飾りを贈られる。ハヌマーンはその首飾りを手にとり、一つ一つの真珠をくまなく吟味すると、それらを投げ捨てた。皆がその行動に驚いた。

貴重な真珠を投げ捨てようという理由を問われた彼は、自分は真珠のなかにラーマを探していたのだと答えた。ラーマがなかにいないものはどれも無価値であるため、真珠は彼にとっ

図 4.1 ハヌマーンの心臓に浮かぶラーマとシーター

（出典：Karunakar Rayker / Wikimedia Commons / Public Domain）

ては価値をもたらさないのだという。

ハヌマーン自身のなかにはラーマ王はいるのかと嘲（あざけ）り交じりに問われると、ハヌマーンは自分の胸を引き裂き、心臓を露わにした。今や彼の紛れもない忠誠心を確信するに至った野次馬たちは、彼の心臓の表面に浮かぶラーマとシーターの両者の姿を目にしたのだった。

古代インドのアーユルヴェーダの治療者たちは、人間の心臓は実は２つなのだと考えていた。体に栄養を運ぶ肉体的なもの〔心臓〕と、愛、欲求、悲しみを味わう感情的なもの〔心〕である。[*1] ４種類の「ヴェーダ」に含まれる『スシュルタ・サンヒター（スシュルタ本集）』（紀元前６世紀）では、この感情的な心（心臓の欲求）は子宮のなかで始まると述べられている。

４か月目にはいくつかの器官がよりはっきりとし、胎児の心臓はすでにかたちづくられているため、生命の機能がおのおの現れはじめる——心臓の役割は、それら生命の機能の座である。それ故、妊娠４か月目には胎児がさまざまな感覚対象への欲求を示しはじめ、私たちは「切望」〔ドーフリダ（दौहृद）：願望、欲求、２つのフリダヤ（心）を併せもつ状態〕とよばれるその現象に気づくかもしれない。

したがって、妊婦は、彼女がいわば〔本人と胎児の〕２つの心臓をもっているときには「切望する女」〔ドーフリダ〕とでもよべようものであり、その〔胎児に由来する〕切望は満たされなければならない。それは、切望するものが満たされなければ、その子どもは瘤（こぶ）、手なし、足萎え、うすのろ、こびと、薮睨み（やぶにらみ）〔斜視〕、目病み、あるいはめくらになりがちだからだ。ゆえに、妊婦の求めるものは何でも与えられるべきである。そうして切望が満たされれば、彼女は勇敢で、強く、長寿の息子を生むのである。

私が自分の母に、私を妊娠しているときに切望していたことはすべて満たされたかと尋ねると、肩をすくめてこういわれた。「息子よ、私は心からあなたを愛していますよ……どうであっても」。

♡

古代ギリシャ人は――脳中心主義者たちの多くでさえも――なおも情動は心臓に収められていると考えていた。[*2] 紀元前700年代、ホメロスは叙事詩『イーリアス』にこう書いた。「私が冥王の門ほどに忌み嫌うのは、心に一事を隠しながら、別事を語る者だ」〔『イーリアス』第9歌、第312行〕。そして、紀元前500年代にはヘラクレイトスがこう書いている。「心臓の意志〔テューモス：後述〕と戦うことは難しい。手に入れたいと望むものは何でも、魂〔プシュケー：後述〕を対価に買い求めてしまうためだ」〔『ソクラテス以前哲学者断片集』DK22B85〕。心臓は愛にとって、勇気にとって、そして命そのものにとっての中心的存在だった。それは人間だけでなく、神がみにとってもそうだった。

ギリシャ神話の神アポローンは、エロース（愛の神で、ローマ神話ではクピードー〔キューピッド〕がこれに相当する）がその弓と矢を操っているのを見つけ、そんな武器は自分のような強大な戦闘神たちに譲るようにといった。激怒したエロースはパルナッソス山に登って2本の矢を放つ。最初の1本は鋭い黄金の鏃（やじり）のついた矢で、これがアポローンの心臓に刺さると、アポローンは河の神ペーネイオスの娘の美しい精霊（ニュンペー）、ダプネーに恋してしまった。もう1本は鈍い鉛の鏃のついた矢で、こちらはダプネーの心臓に刺さり、その心に愛への猛烈な嫌悪を植えつけた。アポローンはダプネーをしつこく追いかけた。ダプネーは逃れるために父の助けを乞うた。彼女がアポローンに捕まるのを防ぐため、父ペーネイオスは娘を1本の芳しい木、月桂樹（ギリシャ語で「ダプネー」）に変えたのだった。

ホメロスの時代のギリシャ人たち（紀元前12世紀から8世紀）は、人体には2つの魂があると説くことで心臓と脳の対立を解決しようと試みた。不滅の生命の魂である「プシュケー」と、情動・衝動・欲求を制御する「テューモス」である。ホメロスは、プシュケーは頭にあり、テューモスは心臓にあると考えていた。心臓は怒りと欲求だけでなく、度胸と勇敢さの源でもあった。ホメロスの『イーリアス』では、大アイアースがアキレウス〔『イーリアス』の主人公〕を叱責した際、アキレウスがこう答える。「我が心臓は怒りに膨らむ」。

古代ギリシャ人たちにとって心臓は愛と同一視されるものだった。詩人のサッポー〔プサッポーとも）は紀元前7世紀にレスボス島に暮らした。彼女は女性の弟子たちに囲まれて、たとえばこのような情熱的な詩を書いたという。「愛は私の心臓を揺さぶる　オークの木々を惑わせる　山の風のように」。

♡

ソクラテスの門弟であったプラトンは、科学者というよりも哲学者の側面が大きかった。『国家』（紀元前376年頃）にプラトンはこう書いた。「そして、自らの心が実在そのものの上に据えられた者たちが哲人の肩書きに値する」。プラトンは、人間は創造神によってつくられ、神により各人のなかに1つの不死の魂と2つの死すべき魂を置かれたと考えていた。彼は頭が体を統括するものと信じた。つまり、脳中心主義者だった。

プラトンは『ティマイオス』で、この不滅の魂が体の統治者であり、より下等な2つの死すべき魂は、それぞれ心臓と腹部に位置すると書いた。熱く拍動する心臓は怒りと自尊心、そして悲哀を支配するとした。心臓は性的欲求の源である一方、脳は真の愛の源であった。空腹と身体機能を指揮するほうの死すべき魂は腹部にあった。今日でも多くの人びとがその通りだと受け止める内容を、紀元前4世紀に一人の古代ギリシャ人が綴（つづ）っていたことには心惹かれる——脳はわれわれの理性と意識を司り、心臓は私たちの情動の保管庫だ。「科学者」としてのプラトンは、心臓を「血管の結節と血液の泉」と説明した。肺が心臓を冷却することにより、魂が熱い感情よりも理性に従いやすくなると彼は書いている。

古代ローマ人たちは、おもにガレノスの教えに基づき、プラトンの魂の三部分構造説を取り入れた。[*3] 何世紀にもわたり、これらの教えはほかの社会へと広がり、心臓は情動の在処であり続けた。たとえ不死の魂の在処だとはみなされなくても、心臓は愛と欲求、怒り、悲しみの場として、体内での立場を守り続けた。この考えかたは以後１５００年にわたり東西を通じて残った。

ローマの軍指揮官であり、初の百科事典といえる『博物誌』の著者である大プリニウスが死んだのは紀元79年である。「故郷とは心の在処である」という言葉で最もよく知られているであろう彼は、ウェスウィウス山（ヴェスヴィオ山）の噴火中、友人とその家族を助けようとして船で現地に向かい、命を落とした。彼も当時のほかの人びとと同様、心臓が故郷と家族への愛を抱えており、人びとがつねに自身の存在のなか、心臓のなかに、故郷をもち続けているのだと信じていた。

第5章　古代における心臓の理解

心臓はたいそう強い筋肉である。

ヒポクラテス 紀元前400年代

古代ギリシャ人たちは紀元前700年頃に医療を行いはじめた。[*1] それ以前には、これらの文明では古代エジプトの考えからの影響で、病は神がみからの罰だと思われていた。ピタゴラス学派の一人だったクロトンのアルクマイオン（紀元前600年頃〔生没年不詳、紀元前5世紀頃とも〕）は、医学を題材に執筆を行った最初期のギリシャ人の一人である。彼は人体の解剖学研究を実施した最初のギリシャ人かもしれない。その対象は死体と生体の両方であった。実験観察に基づき、アルクマイオンは脳が体内における精神と思考の場であり、感覚の座であると信じた。

アルクマイオンのように、多くの古代ギリシャ人は〔魂が脳にあると考える〕脳中心主義者だった（アリストテレスは大きな例外だった）。たとえば、人は殴られて意識を失いながらも（頭のプシュケーが影響を受けるのだろう)、体はまだ生きていることがある（心臓のテューモスが身体機能を保ったのだ)。ここから誤って、古代ギリシャの多くの著作家たちが、心臓ではなく脳が血管の起点であると信じるようになった。これらの血管がプネウマ（生命力）を体の残りの部位に運び、その行き先には心臓も含まれるとされた。

古代ギリシャの内科医たちは、心臓はかまどだと考えた。心臓が拍動を止めたら、体は冷たくならなかっただろうか？　心臓は、脳からプネウマと血液という燃料をくべられ、呼吸によって空気を送り込まれて、体の熱を起こすものとされた。

♡

ヒポクラテス（コスのヒポクラテス）はしばしば医学の父と称される。医師たちは医学部・医学校を卒業するときに、「害を加えない」ことの約束として「ヒポクラテスの誓い」を行う。ヒポクラテスは医学校を設立し、神がみではなく自然が疾患を引き起こすのだと教えた最初の医師であった。彼は宗教と哲学とは別個の分野としての医学を確立した。

『ヒポクラテス全集』は、ヒポクラテスとその教えにまつわる古代ギリシャの医学文書60作近く(紀元前400年代から紀元100年代)をまとめたものだ。そのなかの一編、「心臓について」は、心臓の解剖学的詳細を初めて記録している。ヒポクラテスの教えによれば、心臓はピラミッドのような形をしており、色は深紅で、膜状の袋に包まれていたという。この袋は、今日では心嚢〔心包とも〕として知られるものだ。この袋は、心臓の熱を吸収するのを助ける潤滑液（心嚢液。車のエンジンオイルやブレーキフルードのようなものだ）によって滑らかに保たれているとされた。

ヒポクラテスは、もし心臓の「耳」（当時は2つの心房のことを指した）を取り除けば、小部屋（2つの心室）の開口部が露出すると教えた。この耳は鍛冶屋のふいごと同じようにはたらくとされた。両耳が膨らんだりしぼんだりするのに合わせて、空気が吸い込まれ、押しだされるというのだ。この用途の根拠とされたのが、心臓が拍動する時に、耳が小部屋の収縮とは別個の動きをしていた（つまり、心室が広がるときには心房が縮む）という事実だ。これは心房心室間同期とよばれる。「心臓について」は、心臓の弁が一方向だけの流れを受け入れることも指摘していた。ヒポクラテスは心臓の弁を「自然の職人技による傑作」と表現した。

心不全の診断法についての最古の記述の一つも『ヒポクラテス全集』に登場する。そこでは、心不全と肺水腫の診察を次のように記述している。「〔医師の〕耳を〔患者の〕胸に当て、しばらくのあいだそこに耳を澄ますと、酢を沸かしたときのような音が内部に聞こえることがある」〔肺性複雑音、ラッセル音（ラ音）〕。ヒポクラテスはまた、心臓突然死の記述を初めて行った人物といえるかもしれない。彼は次のように書いている。「明白な原因なくして頻繁かつ強い気絶に苦しむ人びとは突然死ぬ」。この心臓突然死は心臓の機能が失われることによるものであり、通常は危険な心臓不整脈が原因である。米国での自然死の死因の第1位だ。

アルクマイオンの著作を元に、ヒポクラテスは心臓ではなく脳が知性の座だと考えた。しかしながら、この論争に勝ったのはアリストテレスで、大部分の西洋文明ではごく近年まで、心臓が体内における魂の在処（ありか）だと信じられてきた。

♡

アリストテレスは心腔〔2つの心房と2つの心室〕を具体的に記述した初めてのギリシャ人だった。ただし、彼が見分けたのは4つではなく3つだった。彼は右の心腔（おそらく右心室）には最も多量の、最も熱い血液があると考えていた。[*2] 左の心腔（おそらく左心房）には最も少量の、最も冷たい血液があると考えた。真んなかの心腔（おそらく左心室）には中程度の量の、最も澄んで薄い血液があると考えた。アリストテレスの業績として、彼は右心房を心腔の一つではなく、うっ血した血管が心臓に入り込んだものとして見ていたのではないかと論じる人びともいる。

現在の私たちは、これは正しくないと知っている。アリストテレスが動物を解剖するために使った致死法が、それぞれの心腔で彼が観察した血液の量の違いの原因となったのかもしれない。アリストテレスは実験動物を絞殺しており、その結果、静脈と心臓の右側が暗色の血で満たされた一方、左側の血液は流れでてしまったことだろう。

アリストテレスは心臓が循環器系の中心だと正しく考えていた。彼は『動物部分論』（紀元前350年頃）にこう書いている。「血管系は、単一の水源または泉［心臓］から多くの水路を分岐させ、それぞれの分岐がさらにいくつも枝分れすることで、各部に水を供給できるように構築された、庭園の水流の配置に似ている」。アリストテレスは脳が熱い心臓を冷ますラジエーターのような仕事をすると考えていた。彼は、より高度で理性的な動物は、もっと単純な動物（昆虫など）よりも多くの熱を生みだすと考えた。それゆえ、ヒトはその熱く情熱的な心臓を冷ますために、大きな脳を必要としたのだと。

♡

エジプトの都市、アレクサンドリアは、紀元前300年代から紀元600年代にかけてギリシャの学びの中心地だった。アレクサンドロス大王が紀元前331年にこの都市を建設し、彼の将軍の一人であったプトレマイオス〔プトレマイオス1世（ソーテール）〕の家系によって統治された。アレクサンドリアでは紀元前200年代から早くも医師たちがヒトの解剖を行っていた。この都市の政府は生体解剖さえも許していた。人間を生きたまま解剖するという、ぞっとするような所業である。これは通常、犯罪者への罰として実施された。アレクサンドリアはエジプトとギリシャの文化の混ぜ合わせであり、人体を解剖する行為が容認されたのは、遺体を保存するエジプトの習慣において、体を切り開いて器官を取りだす必要があったためだ。

カルケドンのヘロフィロス（紀元前335年〜紀元前250年）とケアのエラシストラトス（紀元前330年頃〜紀元前250年頃）は、アレクサンドリアで医療行為を行っていた著名な医師2人である。ヒポクラテスを最初に「医学の父」と名づけたのは彼らだとされる。ローマの医師〔とする説もあるが不明〕、アウルス・コルネリウス・ケルスス（紀元前25年〜紀元50年〔生没年についても正確な記録はない〕）は、紀元1世紀の医学専門書『医学論』に、ヘロフィロスとエラシストラトスについてこのように書いた。

> さらに、痛み、また多種の病がより内側の部位に生じる際、自らのそれらの部位について自分では無知な者たちに対しては誰も治療を施せないと、彼らは考える。それゆえ、死人の体を切り開き、その臓腑を綿密に調べることが必要となる。彼らはヘロフィロスが群を抜いて優れたかたちでこれを行ったと考える。まだ生きていて息をしている男たち——王により牢の外にだされて引き渡された罪人——を彼らが切り開き、それまでは自然によって秘匿されていた部位を観察したときのことである。[*3]

ヘロフィロスは解剖学と生理学の父と考えられており、医学の研究には人体解剖を通じた人体の理解が必要だと信じていた。ヘロフィロスは身体構造を明らかにするための解剖を公開で行った初めての人物の一人だった。これらの結果、彼は神経系を発見し、心臓ではなく、脳が思考器官であると考えるに至った。ヘロフィロスは脳中心主義者だった。

ヘロフィロスはまた、動脈と静脈の違いを記載した最初の人物でもあった、彼は死体の静脈は血を抜くと潰れるが、筋性動脈はしなやかさを保っていたことに気づいた。しかし、ヘロフィロスは動脈の拡張が心臓からプネウマ（精気）を吸い上げ、動脈の収縮がプネウマといくらかの血を押しだして拍動を起こしているのだと、誤ったことを信じていた。ヘロフィロスの弟子であり協力者であったエラシストラトスは、血液循環の理解にかなり近くまで迫っていた。彼は動脈と静脈のあいだには接続が存在するはずだが、それらは小さすぎて見えないのだと推論し、ウィリアム・ハーヴェイによる循環の発見まで1800年を待つこととなった。

アリストテレスとは異なり、エラシストラトスも心臓ではなく脳が体の指揮官であると考えていた。エラシストラトスは心臓が魂の座ではなく、体を温める役目の器官に過ぎないと示唆した最初の人物だった。

エラシストラトスはシリアの王セレウコス〔セレウコス1世〕（紀元前358年から紀元前281年）の時代に生きた。王の息子、アンティオコス〔アンティオ1世〕は病にかかっており、弱っていた。エラシストラトスは王子を診察したが、何もおかしなところは見つけられなかった。だがある日、エラシストラトスは、王子の義母ストラトニケが近くにいるときにはこの若者の心臓の鼓動が早まり、肌が熱くなることに気づいた。エラシストラトスは疲れ切った様子で王に診断を告げた。賢明なる70歳の王は妻と離別し、彼女を自分の息子と結婚させた。こうして、王子の「患った心」は治癒したのだった。

♡

ギリシャ人たちは心臓と体のはたらきを研究するための正当な方法としての解剖学を打ち立てた。これらの解剖学的研究はローマ帝国が勃興するなかでも続いたが、その多くはローマの地に移住したギリシャ人たちによって行われた。なかでも最も有名なガレノスは、2世紀に著書『身体諸部分の用途について』にこう書いた。「心臓は硬い肉で、容易に傷つくことはない。（中略）硬さ、張り、全体的な強さ、そして損傷への抵抗性において、心臓の繊維はほかのすべてをはるかに凌駕する。ほかのどの器官も、これほど持続的に機能を果たすこともなければ、心臓のような力で動くこともない」。[*4] しかし、この問いはまだ残ったままだった——情動、記憶、思考の拠点は頭と心臓のどちらだろうか？

古代ローマ人たちは心臓が生命を維持し愛を抱くと考えていた。古代ローマの作家オウィディウス（紀元前43年から紀元17年頃）はこう書いた。「アスクレーピオス自身も薬草を用いるが、彼にも心臓の傷を治すことは決してできない」。アスクレーピオスはローマ神話の医学の神で、今日、医学のシンボルとして使われる蛇の巻きついた杖は彼のものである。愛の神であるウェヌス〔ヴィーナス〕は、息子のクピードー〔キューピッド〕の助けを借り、恋人たちの心臓に矢で狙いを定めさせる。

古代ローマ人たちは、疾患を神からもたらされた罰だと考えていた。[*5] 医師たちは忌避された。古代ギリシャの医者たちとは違い、古代ローマの医師は死体解剖を禁じられていたため、彼らの心臓と体の理解は制限されていた。

古代ローマ人は紀元前30年にアレクサンドリアを征服し、エジプトの統治者であったクレオパトラ〔クレオパトラ7世〕とマルクス・アントニウスが自殺する結果となった。古代ローマ人たちはギリシャの医学知識と解剖学研究に気づくこととなる。それはおもに、ヘロフィロスとエラシストラトスの著作によるものであった。古代ローマ人たちは医者たちを捕らえてローマに連れ帰った。彼らは当初は戦争捕虜として、そして後には自らの意思でローマに留まり、現地で稼ぎを得ることができた。

古代ローマ人はまもなく、古代ギリシャの医学と科学の知識を取り入れはじめたが、心臓と循環系についての理論はわずかしか発展させなかった。それが変わったのは、ギリシャ人であったガレノスが紀元162年にローマに移ってからのことだった。心臓と体についてのガレノスの理論は後にカトリック教会によって教義として受け入れられ、彼は3世紀から17世紀まで（そう、1500年間だ）の西洋医学における最重要人物となった。

ガレノスはそれ以前にアレクサンドリアで動物と人間の解剖をしながら過ごしており、解剖学の専門家となった。彼は絞首刑になった犯罪者たちを解剖することを許されていた。彼は剣闘士たちを担当する医師でもあり、横たわって死を迎えつつある剣闘士の傷口から彼があまりに生なましい解剖学の教えを得ていたことは想像に難くない。ガレノスは、剣闘士たちの傷口は「体内への窓」だと書いた。彼はローマでまたたく間に有名人となった。彼は公衆の前で解剖と患者の治療を実演し、金を得ることとなる。この高まる名声を理由に、皇帝マルクス・アウレリウスはガレノスを自らの侍医に選んだ。

ガレノスはそれ以前のギリシャの医学書群を批判的に読んだ。彼は心臓と血管についての理論を証明、あるいは反証する実験を行った。彼はとくに、ヘロフィロスとエラシストラトスの著作を評価していたが、それらを訂正することも好んでいた。『身体諸部分の用途について』（紀元170年頃）で、ガレノスはこう述べた。「たとえ筋肉のように見えようとも、これは筋肉とは明らかに異なる。筋肉には一方向にのみ並んだ繊維があるためだ。（中略）だが、心臓は縦方向とそれに交差する方向、両方の繊維があり、それらとともに、角度のついた、斜め方向に走る第三の種類の繊維もある」[*6]。

ガレノスによるこの重要な発見は、今や現代の心臓科学において盛んに研究される分野となっている。大部分の人は、心臓（左心室）はある点を中心に拡張・収縮して血液を体へと送りだすものと解釈している。膨らんでは縮む風船を思い描いてほしい。しかし、心臓は収縮時にねじる動きもとることでポンプ機能を最大化させている。濡れた布巾から余分な水を除くときには、布巾を両手でただ押しつぶすのではなく、ねじって水を絞りだすことを考えてほしい。これらの心筋繊維は、3つの異なる方向に向いており、左右、上、下から押しつぶす動きと、ひねる動きを協力しながら行い、心臓の収縮を最適化する。

今の私たちは、心臓についてガレノスが理論化した内容の大部分は不正確だったと知っている。たとえば、ガレノスは2つの心室を隔てる筋肉には小さな穴がいくつも空いていて、心室間で血液を移動させていると考えていた。彼はまた、動脈はプネウマ（私たちの生命力を生みだす、空気と血液が混ざったもの）を運ぶと考えていたがこちらも誤っている。ガレノスは、心臓は身体活動に対する重要性において肝臓につぐと論じた。彼は、消化された食べ物は腸から肝臓へと達し、そこで血液に変換されるという誤ったことを信じていた。心臓ではなく肝臓が血管の起点であり、その血液が心臓に到達すると、体の各部へと運ばれて肉へと変換されるという考えだった。

ガレノスはその先達ら（たとえばアリストテレス）のように、左心室のおもな機能は体のほかの部分のために熱を生みだすことだと考えており、左心室を石炭のかまどにたとえていた（心臓はポンプとしては見られていなかった。というのも、当時はまだポンプというものが存在しなかったためである）。吸い込まれる空気は、心臓の内なる熱を冷ますためのものとされた。しかしながら、ガレノスは心臓のはたらくしくみについてはかなり正確に記述していた。彼は冠動脈系が心臓そのものへの血液供給を行うことに気づいていた。彼は動物解剖を通じて、すべての動物の心臓に同じ数の心腔があるのではないことにも正しく気づいていた。たとえば、魚にはたった一つの心室しかない。

ガレノスは動脈樹と静脈樹のあいだに接続（今では毛細血管として知られるもの）があるというエラシストラトスの理論を受け入れる前に実験をした。彼は動物を殺し、その大動脈を切断して血液をすっかり放出させることでこの接続の存在を裏づけた。この実験では動脈だけでなく、静脈も空になり、両者がつながっていることが確かめられたのだった。ガレノスはまた、ほぼすべての動脈の隣には静脈が寄り添っていることも観察し、両者がつながっていそうだと推測していた。不運にも、ガレノスは循環器系の発見における次の論理的段階を踏むことはできなかった。彼はプラクサゴラスがヘロフィロスとエラシストラトスに教えたことを信じ続けた——動脈はおもにプネウマ（空気）を体のほかの部分に運ぶのだ、と。

彼がこのことをどうやって見だしたのかと頭をひねる——そして戦慄する——かもしれないが、ガレノスは胎児の血液が胎盤にある母親の血液から新鮮な空気を受け取ることと、この空気を含む血液が胎児の心臓の右側と両肺（出生前でまだ機能していない）を循環しつつ、心房間の穴を通じて直接に心臓の左側へと進み、それから胎児の動脈へと移動することを観察した。彼はさらに、出生後はこの穴が塞がって血液の流れが変わり、新生児の心臓の右側と両肺を通り抜けてから初めて心臓の左側へと達することも観察した。

ガレノスは『罹患した部位について』でこう書いた。「体を統治する3つのおもな因子がある。本源［器官］である心臓を別にすれば、脳は体のすべての部位にとって感受性と運動性の最も重要な供給源であり、その一方で、肝臓は栄養機能の本源である。死は心臓内の体液の不均衡から生じるものである。なぜなら〔体の〕すべての部位は心臓と同時に悪化するためである」。[*7] ガレノスはアリストテレスにおおいに感服しながらも、プラトン的な魂の三部分構造説を基盤とした。脳は、心臓のものとして仮定された機能の一部——全部ではない——をわが物としはじめていた。運動機能と感覚機能は脳にあるとされたが、心臓はなおも感情的な魂の座であり続けた。

ガレノスは古代人たちの解剖学と生理学の理解に人体実験を通じて革命を起こした。とくに心臓とその弁、ならびに動脈樹と静脈樹についてだ。だが、彼の誤解による理論も長く残った。たとえば、左右の心室の中隔には両者をつなぐ穴が多数あるとしたもの。肝臓は食物から血液をつくりだし、体内の動脈の起点であるとしたもの。心臓と血管の機能は精気（プネウマ）を全身に分配することだとしたもの。そして、感情的な魂は心臓に位置するとしたもの。紀元４７６年のローマ帝国の滅亡後、西洋文明の多くが——それゆえに医学知識が——暗黒時代に陥ったために、これらガレノスの理論の多くは17世紀までずっと影響力をもち続けた。ガレノス以後の１５００年間、心臓と血管系の科学的理解の発展はわずかにしか進まなかったのである。

第6章　古代の心臓疾患

この疾患は現代病だと広く思われているものの、近代以前の人間におけるアテローム性動脈硬化の存在は、より根本的な疾病素因がある可能性を提起する。

Randall C. Thompson らによる２０１３年の論文より

私たちは心臓発作を現代病だと考える。私たちは今、昔の人びとよりも長生きし、多く食べ、運動量は少なく、太り、糖尿病になり、喫煙する。その結果、私たちはアテローム性動脈硬化（つまり「動脈が硬くなった状態」だ）を起こす。心臓の筋肉に血液を送る血管、すなわち冠動脈の内側にコレステロールの塊が積もったためだ。なるほど、５０００年前の遠い先祖が今とはとても違った生活様式をもち、アテローム性動脈硬化のリスクにはさらされていなかったと仮定してもおかしくない。

しかし、実は彼らもそのリスクにはさらされていたのだ。

紀元前1203年におよそ70歳で死んだ古代エジプトのファラオ、メルエンプタハは、アテローム性動脈硬化に悩まされていた。[*1] 彼の遺体はカイロのエジプト考古学博物館に所蔵され、2009年にCT〔コンピュータ断層撮影〕スキャンによる調査を受けた20体のミイラの一つだ。対象になったミイラのうち、16体では動脈と心臓をまだ見ることができた。そのなかで、9体（56％！）にアテローム性動脈硬化が見つかった。

世界中の異なる文明のミイラを対象にしたさらに大規模な研究では、アテローム性動脈硬化が古代人のあいだでも珍しくはなかったことが示唆された。[*2] この研究では137体のミイラに対して全身のCTスキャンを実施した。ミイラは年代に4000年以上の幅があり、異なる食習慣をもった4つの地域に由来していた。76体は高脂肪食の古代エジプト人、51体はトウモロコシとジャガイモを食べていた古代ペルー人、5体は採集農耕民だったアメリカ南西部の古代プエブロ人、5体は狩猟採集民だったアリューシャン諸島のウナンガン〔アレウト族とも〕のものである。CTスキャンにより、これらのミイラの34％にアテローム性動脈硬化が見つかった。死亡時に40歳以上（当時では高齢）であったと推定されるミイラでは、半数にアテローム性動脈硬化が確認された。この研究論文の著者らは、アテローム性動脈硬化が「加齢の一つの基本要素であるか、もしくはアテローム性動脈硬化の原因となっているとても重大な何かをわれわれが見落としている」のではないかと示唆した。論文の著者らは、頻繁な感染症により古代人が慢性炎症に苦しめられていたのではないかと推測した。慢性炎症は動脈壁へのコレステロール蓄積を引き起こすことがあり、それがアテローム性動脈硬化をもたらす。また、古代の人びとは直火で料理や物を温める傾向もあったため、煙を頻繁に吸い込んでいた可能性が高い。

5300年前の遺体である銅器時代の「チロルのアイスマン」は、当時の姿が保存された状態で1991年にアルプス山脈のティセンヨッホ峠の小道（イタリア領部分）で発見された。そのDNAを調べたある研究では、彼のアテローム性動脈硬化のリスクが高かったことが示された。*3 チロルのアイスマンのDNAに、現代人のアテローム性動脈硬化と相関する一塩基多型（DNAを構成する基本の部品〔核酸塩基〕のうち、一箇所〔一塩基〕分に存在する個人差〔多型〕）が数箇所見つかったのだ。だが、チロルのアイスマンは心臓発作で死んだのではない。彼は実際には背中を矢で射られていた〔死因については諸説ある〕。彼の同時代人たちにも、心臓発作で死んだ者はおそらくいなかっただろう。古代人たちの寿命は今の私たちのものよりはるかに短かったため、「年をとって」から心臓発作で死ぬ可能性は低かった。だが、その因子は私たちのDNAに隠れていたのだ！　文明の発展とともに、古代社会のヒエラルキーの頂点にいた人びとは生命維持に必要な分を超えたものを食べるようになり、より怠惰になって太り、心臓発作や心不全で倒れるようになった。彼らがまだそれが心臓の疾患だとは知らなかっただけだ。

古代エジプト人は今の私たちには心臓発作の話だとわかる記述（胸の痛みの後、しばしば死が訪れる）を残しているし、古代ギリシャ人は心不全（息切れと共に泡状の痰と脚のむくみが生じ、まもなく死ぬ）のことを記述していた。しかし、古代社会がこれらの苦しみと心臓のあいだに関係を見いだしたことを示唆する記述はまったく見当たらない。症状と心臓疾患のあいだに連想が及ばないこの状態は、その後さらに１５００年も残り続ける。文明が暗黒時代を抜けだし、ルネサンスの光に包まれてからようやく、この関連性が認識されたのだ。

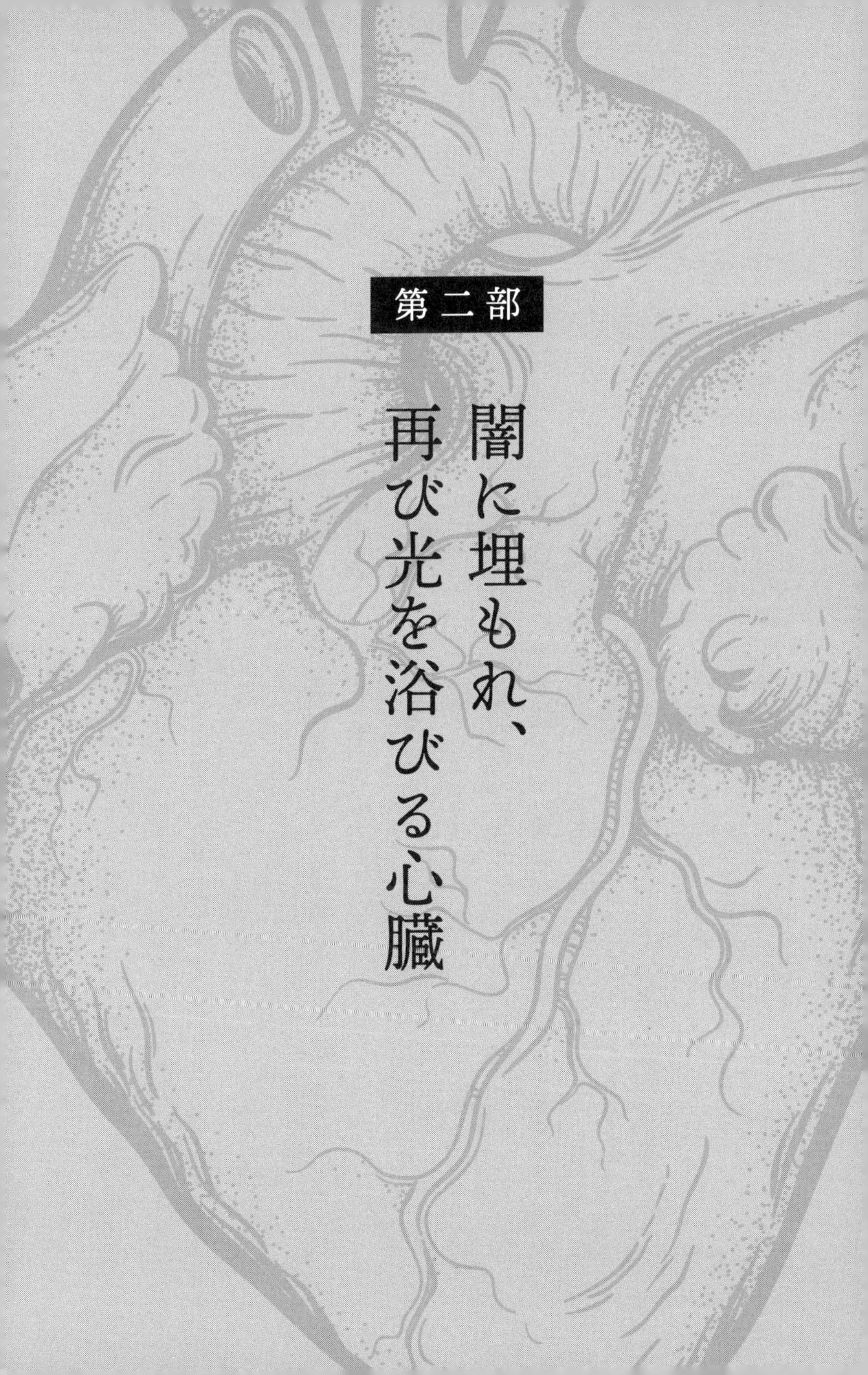

第二部

闇に埋もれ、再び光を浴びる心臓

第7章　暗黒時代

行いよりもむしろ心の監査者たる神の前では、多くの者がより表面上で悩み苦しみながらも、なす進歩はより少ない。

中世フランスの哲学者・神学者、
ピエール・アベラール　紀元1140年頃

ここで、魂が、行いへの敬意と生命の力とともに、心臓のなかにあることが合意される。それゆえ、魂がその活動を四肢のなかでなし遂げる経路となるすべての神経と血管の起点が心臓であることが必要なのである。

アルベルトゥス・マグヌス（大聖アルベルト）
『動物について』紀元1256年

ヨーロッパの中世、別名「暗黒時代」は、紀元476年（ローマ帝国滅亡）に始まり1453

年（コンスタンティノープル陥落）に終わった。このあいだ、カトリック教会は身体と健康についての信念を含めた生命のあらゆる側面を支配し、医学と解剖学の科学的進歩は止まった。生活環境は悪化し、ハンセン病などの伝染病の流行が繰り返し起こった。カトリック教会は、感染流行と病は人の罪に対する神の怒りによってもたらされたものだと説いた。体の治癒は魂の癒しによってのみ実現されるものだった。医師はあなたを救ってはくれない、唯一の希望は司祭だというわけだ。広められたこの教えが、医学――心臓と体の知識――の一切の進歩を千年にわたって止めてしまった。

カトリック教会は、ガレノスとアリストテレス（どちらもキリスト教徒ではなかった）による心臓と体の理論を、人体の解剖学と生理学についての唯一の承認できる真実とみなした。[*1] 中世を通じ、ガレノスの著作は教理として受け入れられ、科学的な異議申し立てを免れた。教会はほかの科学者や医師たちの著作や業績を探しだして破棄し、このあいだ、古代ギリシャとローマの心臓と体の知識は科学から失われた。

アリストテレスは、心臓が胚のなかで最初に形成される器官であることを見いだしており、カトリック教会は、そここそ神が各人の魂を置いた場所のはずだと宣言した。魂は死のときまで心臓に存在し、死のときに口からでていくとされた。中世のキリスト教徒たちは、神が各人の心臓のなかにいて、その内壁に記録を書きつけていると信じた。心臓は筋肉でできた石板だったのだ。神が寛大な行為とそうでない行為、あるいは考えを一つ一つ記録し、それらが死のときに見直されるのだとされた。

神はまた、信者たちの心臓を通じて彼らと交流していた。コリント人への第二の手紙の3章2節から3節にかけてこう書かれているとおりだ。「あなたがた自身が私たちによって届けられるキリストからの手紙であり、インクではなく生ける神の霊によって、石板にではなく人の心の板に書かれたものであることを示している」。中世のキリスト教徒たちにとって、永遠の魂は心臓に宿っていたのである。ある人の心臓が鼓動を止めれば、その魂は体をでて天国か地獄へ行く。魂の行き先は、生前に心臓の壁に記録されていた内容によって決まる。もしあなたが中世に心臓の痛みを抱えていたら、唯一の希望は（教会への寄付によって促進される、魂の救済以外には）ヘンルーダ〔ミカン科の植物〕とアロエからつくられた油薬を胸に塗る、蒸し風呂に入れられて塩漬けのラディッシュ〔ハツカダイコン〕を食べる、あるいはザルガイ（心臓の形をした殻をもつ二枚貝）のミルク煮を食べるといった民間療法を通じてしか得られなかった。

〔心や知性を指す〕「mind」という用語〔に相当する古代ギリシャ語の「メノス（μένος）」〕は、元は記憶（memory）の概念を示すものとして生じたが、やがて魂の概念とも重なるようになった。アリストテレスはメノスの認知能力、感覚、そして情動が心臓に位置するものと考えていた。ガレノスは最終的に新プラトン主義的理論をとって、理性的な魂は脳に、気概的な魂は心臓にあると位置づけた。カトリック教会のおかげで、これらの見方はヨーロッパ暗黒時代を通じて支配力を保った。

死後に心臓を切り開かれると、たちまちその内側に神とキリストへの愛を示す証拠が見つかったという聖人たちの話は数多く流布してきた。[*2] モンテファルコの聖キアラ（サンタ・キアーラ・ダ・モンテファルコ。「十字架の聖クララ」とも）は、1294年に数週間にわたって法悦〔神と一体化した神秘的境地〕に浸ったアウグスティヌス派の修道女だ。十字架を背負って歩む疲弊したイエスの姿が幻影として浮かび、彼女はイエスを助けようと手を伸ばした。イエスは彼女に「私は我が十字架を委ねられる者を見つけた」と伝え、その十字架を彼女の心臓へと埋め込んだ。彼女が亡くなったとき、その心臓を体から取り除いた4人の修道女たちが、内側に十字架と懲罰の鞭を見つけた。このことはバッティスタ・ピエルギリウスによる「モンテファルコのキアラ修道女の生涯」（1663年）に伝えられている。「その心臓が窪んで2つの部位に分かれており、総体として1つにまとまっているのはその外周においてのみだけだということを、彼女たちは十分に知っていた。続いてフランチェスカ修道女が、1つの区画の中央に神経が走っていることを指で感じ取った。そして、それを彼女が引きだすと、修道女たちはそれが十字架であることを目にして驚いたのだった。その十字架は肉体によってかたちづくられ、取りだされるまで同じ形の空洞に収まっていた。これを見たとき、マルガリータ修道女は「奇跡、奇跡です」と叫びはじめた」。[*3]

地域司教と審査団による承認を経て、キアラは1881年に聖人に列せられた。今では、心室の内壁は滑らかではなく、肉柱とよばれる不規則な筋肉の束があり、それらがさまざまな形をとりうることが知られている。

11世紀のキリスト教神学では、ハート型がイエスの心臓を象徴するようになった。茨の冠に囲まれて上に十字架を戴いた、槍に貫かれた燃え上がる心臓の図「聖心（聖なる心臓）」は、イエス・キリストのシンボルとなった。キリストの人類への愛を象徴する聖心は中世の宗教画によく見られる。

文化的に、心臓は新たな意味を帯びるようになった。ハート型は誠意、真実、忠節、忠誠のシンボルとなり、十字軍の盾や家系の紋章に見られた（図7・1）。ハート型は家族の愛または神の愛を意味し、中世の紋章学における最も一般的なシンボルの一つとなった（図7・2）。

11世紀から12世紀にかけて、ヨーロッパの上流階級（特に英仏の王族）のあいだである風変わりな埋葬慣習が広まった。その儀式は心臓が人の霊魂と道徳の中心であるとの考えから発展した。[*4] 死者から心臓が取りだされ、体の本体とは別個に、礼拝の場に埋葬された。今ではこの慣習は心臓の死後摘出（postmortem ablation of the heart）とよばれる。騎士が故郷から遠く離れた地で死んだとき（十字軍の遠征中だとか）には、その心臓が埋葬のために故郷へと送られるのだった。この時代の王と王妃は、ある聖堂に心臓が葬られ、体の本体は別の聖堂に葬られることがしばしばあった。

図 7.1 リューネブルク公ヴィルヘルム・フォン・リューネブルク（1184年～ 1213 年）の時代に考案されたリューネブルク侯領の国章

ヴィルヘルム・フォン・リューネブルクはデンマーク王ヴァルデマー 1 世の娘であるヘレネと結婚したため，自らの父親であるハインリヒ獅子公の紋章に「オランダ風のティンクチャ〔紋章の色使い〕」を取り入れた〔オランダの紋章では赤，青，黒がよく用いられる．ここにあげられたリューネブルク侯領の国章は，ハートが赤，獅子が青，地は金色〕．（出典：Christer Sundin / Wikimedia Commons / Public Domain）

イングランド王リチャード1世は獅子心王と渾名された。そうよばれるようになったのは戦闘で偉大な功績をあげたためであり、当時の吟遊詩人たちは、王はライオンの体から心臓を引きちぎって食べることでその勇気をわが物にしたのだと歌った。1199年、リチャード1世はリモージュに近いフランスのシャリュでクロスボウの矢による傷を受けて死に、その心臓は体とは別に埋葬された。彼の今際

図 7.2 マルタ共和国のヴァレッタにある「騎士団長の宮殿」の兵器庫にて

（出典：Alexandros Michailidis / Shutterstock）

の頼みは、自分の内臓は現地に埋め、体の残りの部分はフォンテヴロー修道院〔シャリュから北西に200キロメートルほど〕に埋葬してもらうことだった。ただし、彼は心臓については保存処理をした上でルーアンのノートルダム大聖堂（ルーアン大聖堂）に埋葬してもらうことを望んだ。

　ガロウェイのダヴォーギラ（Dervorgilla of Galloway、1210年～1290年）は、13世紀スコットランドの貴族女性で、三男はスコットランド王となった〔ジョン・ベイリャル、父と同名〕。[*5] ダヴォーギラの夫はバーナード城主ジョン・ベイリャル〔バーナード・ドゥ・ベイリャル1世〕である。彼は英国王ヘンリー3世の相談役であり、スコットランド王アレグザンダー3世の未成年期の共同後見人であり、オックスフォード大学のベリオール・カレッジの創設者である〔彼の死後にはダヴォーギラが資金提供を行った〕。夫ジョン・ベイリャルが死んだ時、ダヴォーギラはその心臓を体から取りださせて保存処理を施した。彼女はその心臓を象牙と銀でできた棺の箱に入れ、終生どこへ行くにももち歩いた。ダヴォーギラは死後、自らが夫を偲んで設立したシトー会ドゥルケ・コル〔Dulce Cor：甘い心〕修道院（別名「スウィートハート修道院」）に葬られた。彼女は胸に夫の心臓を抱き締めた姿で埋葬されている。

フランス王ルイ9世（聖ルイ）は、第2回十字軍遠征中の1270年に死んだ。チュニス〔現在のチュニジアの首都〕で自軍に赤痢がまたたく間に広がったときのことだった。彼の内臓の大部分は現地に埋められた。骨――体を煮立てて取りだした――はフランスに戻された。だが、彼の心臓は壺に封印されてシチリア島のモンレアーレ大聖堂に安置された。この心臓の死後摘出という慣習は、スコットランド貴族のあいだでは17世紀まで、フランス貴族の間では18世紀まで続いた。

1849年に至っても、フレデリック・ショパンはパリで結核によって死ぬ間際、自らの心臓を故郷に戻してほしいと頼んだ。姉は彼の体が埋葬される前に心臓を取りださせ、それをコニャックの瓶に漬けて内密にポーランドへともちだし、ワルシャワの聖十字架教会で埋葬した。

♡

ヨーロッパで状況が変わりはじめたのは紀元1000年から1200年の間のことである。ヨーロッパの君主たちはより多くの領地を抱えるようになり、富を増し、宮廷は文化の中心となった。ボローニャ大学やオックスフォード大学やパリ大学といった大学が設立された。学びが再び根づきはじめた。

十字軍（1096年から1291年）で中東に旅したヨーロッパ人たちは、医学と解剖学について書かれたアラビア語の文書をもち帰った。これらの文書には、ヨーロッパの暗黒時代の間に、イスラム圏の医師たちが行った心臓と体にまつわる発見が説明されていた。それらの著作はおもに、イスラム圏の医師たちが救いだして保存していた、過去のギリシャとローマの医学理論を基にしたものだった。もしこうしてギリシャとローマの医学思想がイスラム圏で翻訳されていなかったら、医学の父ヒポクラテスの著作などの作品は歴史から失われていたことだろう。

再発見されたアリストテレスの著作を研究した13世紀の思想家たちは、英語でいう「mind」〔「こころ」や精神〕と「soul」〔魂〕の複雑な理論を構築した。ドミニコ会（カトリックの修道会の一つ）の修道士であり哲学者であった、ドイツ人のアルベルトゥス・マグヌス（大聖アルベルト）は、アリストテレスの心臓中心説を認め、魂は心臓にあるとの考えに賛成した。これは、心臓が魂の情熱を内に収めていると述べる中世のキリスト教文書とも合致するものだった。この時代の思想家の大部分は、理性的な魂が脳にあり、それよりも下位の活発な魂は心臓に位置するというガレノスの新プラトン主義的理論を受け入れた。この時点では心臓はなおも体内における理解と感覚の場であり続けた。

対照的に、アルベルトゥス・マグヌスの弟子であり、やはりアリストテレスの著作を研究した聖トマス・アクィナス（1224年頃~1274年）は、心臓が人の体の動きを指揮していると信じた。[*6] アクィナスはアリストテレスによる心臓中心説の考え方を見直し、魂は心臓にあるのではなく、身体の実体的形相として存在すると述べた。心臓は体を動かすが、その心臓は魂によって動かされる。魂は心臓が拍動するのに必要であり、心臓は魂の情動を通じて指示を受けるとされた。

アクィナスを手本としてのことだろうか、カトリック教会は1000年にわたる教理を改め、体内における魂の在処についての見解を更新した。1311年、フランス王フィリップ4世（自らを破門しようとしたローマ教皇ボニファティウス8世を襲撃させて死に至らしめた）が自ら召集を指示したヴィエンヌ公会議の場で、彼が自身の息のかかった「新」教皇のクレメンス5世に指示をだし、カトリック教会によるテンプル騎士団への支持を撤回させたのは有名な話だ。だが、このヴィエンヌ公会議で最初にだされた布告は、魂はいまや心臓ではなく全身に宿るとするものだった。「すべての者に純粋なる信仰の真理を知らしめ、あらゆる誤りを排除せしめるため、ここにわれわれは、理性的あるいは知的霊魂の実態が、それ自体でおよび本質的に人間の身体の形相でないと無謀に主張するかあるいは疑わしいとみなす、すべての教説あるいは命題は、誤りであり、かつカトリック信仰の真理に反するとして拒否する」〔参考：『新プラトン主義研究』第7号「イタリア・ルネサンスにおけるプラトン哲学とキリスト教神学」根占献一）。心臓は魂の在処としての影響力を失いはじめていた。12世紀以降、ヨーロッパ各地に学びの拠点が設立され、教会の教義に異議を唱えて異端の罪を犯すことへの恐怖が弱まるなか、科学者たちは認知機能を脳に位置づけはじめた。

ヨーロッパの暗黒時代と時を同じくして、ほかの文化では心臓と生死におけるその重要性についての独自の考えが発達した。イスラム圏の医師と科学者たちは、古代ギリシャとローマの教えに影響を受け、心臓の構造と人体における役割——肉体的なものも形而上学的なものも——についての理論を発展させた。この間、北方のヴァイキングたちは「冷たい」心臓を崇拝しており、かたやメソアメリカ人たちはまだ拍動している「熱い」心臓を、神がみを鎮めるための犠牲として大量に捧げていた。

第8章　イスラムの黄金時代

汝の心臓が道を知る。その方向へ進め。

ルーミー（詩人）（紀元1207年～1272年）

心臓は
千本の絃をもつ楽器
調律できるのは
愛を以てのみ

ハーフィズ（ハーフェズとも。詩人）（紀元1320年～1389年）

ヨーロッパが1000年間もの暗黒時代に陥り、解剖学や医学において目立った進展を生みださなかった頃、イスラムの思想家たちが古代ギリシャ、古代ローマの理論を発展させた。*1 彼らはヨーロッパでカトリック教会によって破棄された古代の医学書の写しをつくった。そのなかにはヒポクラテス、アレクサンドリアのギリシャ人医師たち、そしてガレノスの著作も含まれる。イスラムの学者たち、医師たちがいなければ、心臓と医学についての紀元４００年以前の知識は失われてしまったかもしれないし、ヨーロッパのルネサンスは基礎となる過去の知識がないままに始まっていたことだろう。ルネサンス期の医師たち、科学者たちは、長きにわたって失われていた文書のアラビア語翻訳版を読むことで古代ギリシャ、古代ローマの医学知識のことを学んだのだ。

　昔のイスラム教徒たちにとって、心臓は情動や意図、知識の中心だった。それと同時に、クルアーン（７世紀）とハディース（９世紀）には心臓と心臓疾患の生理学的・解剖学的知識も見つかっている。心臓疾患は負の情動（例：怒りや恐れ）または魂の過ち（例：罪と不信心）と関係していると考えられた。

　イスラム教の医師たちは古代ギリシャ、古代ローマの過去の著作を研究し、そこにある心臓についての理論に学び、また異議を唱えた。彼らは医学校の構想を導入し、そこでは男性と女性とがともに医学を学んだ。[*2]

♡

ペルシャ人の医師であり哲学者であったアブー・バクル・ムハンマド・イブン・ザカリヤー・

アル＝ラーズィー（紀元865年〜925年頃。西洋では「ラーゼス」の名で知られる）は、小児医学を別個の医学分野として区別した初の書物である『小児の疾患の書』を著した。[*3] 彼は発熱が疾患と感染に対する防衛機構であることを初めて特定した人物だった。

アル＝ラーズィーは「突然死」という用語を初めて使った医師である（1000年以上前のことだ）。彼は心臓が失神（意識の消失）と突然死（心臓の機能が失われたことによる死）の原因であることに気づいた。今の私たちは突然死が危険な不整脈によって引き起こされると知っている。突然死は今、世界全体の自然死の原因第1位である。アル＝ラーズィーはこう書いている。「突然死は心臓が収縮はするが弛緩しないときに起こる」。

さらに、アル＝ラーズィーはこう説明している。「心臓には8種類の不機嫌が宿る。動脈の閉塞や開口部の閉塞、むくみに続いて拍動が不規則になり、すぐに失神が起きる」。[*4] この引用文でアル＝ラーズィーが描写しているのは、今の私たちが次のよび名で知るものだ。（1）アテローム性冠動脈疾患、（2）心臓弁狭窄症、（3）心不全、（4）致死性不整脈。さらに、彼は『霊的医療の書』でプラトンとガレノスの魂の三部分構造の概念にならい、（1）欲求（性的欲求を含む）は肝臓に位置し、（2）霊的で情熱的な魂（情動と考えてよい）は心臓に位置し、（3）理性的な（神から授かった）魂は脳に位置するとした。

♡

西洋ではハリー・アッバースの名で知られる、アリ・イブン・アル＝アッバース・アル＝マジュシ（紀元925年〜994年）は、ペルシャの王アドゥド・アッダウラの宮廷医師だった。彼はバグダードにアドゥディ病院を設立し、その地で『医術全書』を著した。アル＝マジュシはアリストテレスとガレノスの理論の一部を否定した。動静脈系の件について、彼は太さと機能に基づいて動脈と静脈の区別を行った。彼は動脈系と静脈系の間に接続があることを初めて示唆した人物の一人だ。『医術全書』に彼はこう書いている。「脈打たない血管［静脈］の内部には、脈打つ血管［動脈］へと開口する孔がいくつかある」。これは毛細血管の発見に先立つこと700年弱の記述だった。

♡

イブン＝スィーナーの名で知られ、ヨーロッパでは「アウィケンナ（アヴィセンナ）」としても知られるアブー・アリー・アル＝フサイン・イブン・アブドゥッラー・イブン・スィーナー・アル＝ブハーリー（紀元980年〜1037年）は、ペルシャ人の医師、天文学者、哲学者だった。彼はヨーロッパでは「医師の王子」として知られるようになった。彼の主要な著作『医学典範』（1025年完成）は、6世紀にわたってイスラム圏とヨーロッパの学者たちにとっての必読の医学書となった。また、イブン＝スィーナーは別の主要な著作『心臓の薬』で、呼吸困難（急性心不全によるものかもしれない）、動悸、突然の意識消失（失神）に対する治療法を論じた。心臓疾患の予防のために日々の運動と健康的な食生活を推奨した医師は、知られているなかではイブン＝スィーナーが初めてだ！

イブン＝スィーナーは心臓の解剖学的知識をおおいに進展させた。彼は動脈が心臓の左側（大動脈とその分岐部をまとめた「大血管」とよばれる部分）から伸びていることを認識した。彼は心室の壁の厚みが左（厚い）と右（薄い）で異なることを突き止めた。さらに、彼は心房と心室の収縮にタイミングの違いがあること（心臓の房室同期）も記述していた。残念なことに、彼は胸毛の量と濃さがその人の心臓の強さと相関しているとも書いていたが。

『医学典範』にイブン＝スィーナーはこう綴っている。「心臓はすべての機能の根源であり、ほかのいくつかの構成員〔器官〕に栄養や生命、理解力、動きの機能を与える」。彼は、魂は体を統治するために、心臓という媒介物を通じてほかの器官を指揮し、体の熱を生みだす役割も果たすと考えていた。

イブン＝スィーナーは、ガレノスと同様、心臓が「内なる熱」を生みだすと書いており、また、古代中国人と同様、この熱き心臓が体内のほかの器官を指揮管理すると考えていた。ただし彼は、分別、イメージの喚起、想像、推定、記憶という５つの内的感覚が脳内に備わっていると仮定していた。彼はこれらの内的感覚が無形のこころ（自己）から指示を受けるとしており、その考えは魂についての現代の見方とあまり変わらない。

イブン・アル＝ナフィスの名でも知られる、ダマスクスのアラー・ウッディーン・アブー・アル＝ハサン・アリー・イブン・アビー＝ハズム・アル＝クラシー（1213年～1288年）は、ガレノスとイブン＝スィーナーが心臓について仮定した内容のいくつかに異議を唱えた。とくに、心臓の中隔に目に見えない穴があり、左右の心室の間で血液が行き来することができると信じられていた点である。

イブン・アル＝ナフィスは動物解剖を通じて——彼はヒトの死体を解剖することはクルアーンの教えに反するため好まなかった——肺循環の存在を提唱した。彼は自著『イブン＝スィーナーの典範における解剖学についての論評』（1242年、fol. 46r〔冊子本のページの数え方。二つ折りの羊皮紙（folio）の46葉目の表側（recto）〕）にこう書いている。

> 血液は、右の腔で精製された後に、（生命力をもたらす）霊気が生みだされる場である左の腔に移送されるはずだ。だが、これらの腔の間には通路がない。心臓のこの領域〔中隔〕の物質は硬く詰まっているためである。一部の人物たちが考えていたように、目に見える通路があるわけでもなければ、ガレノスが断言していたように、血液を通過させる目に見えない通路があるわけでもない。

イブン・アル＝ナフィスは、冠動脈が心臓の筋肉を供給するものと仮定した。これは、心臓が心腔内部を流れる血液から栄養を受け取ると信じたガレノスを否定する考えだ。イブン・アル＝ナフィスはまた、精神機能（認知、感覚、想像、運動）が心臓に由来するというアリストテレスの理論にも異議を突きつけた。彼は、脳と神経は心臓と動脈よりも冷たいのであるから、精神機能は論理的に考えて脳に由来するのだと主張した。

♡

ヨーロッパが暗黒時代に閉じ込められている間に、イスラムの学者と医師たちは古代ギリシャ・ローマの業績を活かして新発見を行い、心臓と体についての人類の知識を発展させた。ヨーロッパ人は暗黒時代から抜けだした際にこの医学知識を学び、心臓と医薬品のはたらきを理解する上でイスラム圏の学者たちが果たした貢献の重要性を認識した。（ヨーロッパ人たちがイブン＝スィーナーを「医師の王子」と称したことを思いだしてほしい。）

『カンタベリー物語』（ジェフリー・チョーサー作、1400年頃）の『総序』では、ロンドンからカンタベリー聖堂まで旅をしている巡礼者たちの一人（医師）が、自分が医学の教えを受けた歴史上の人物として、ヒポクラテスとガレノスと並び、アル＝ラーズィー（ラーゼス）、アル＝マジュシ（ハリー・アッバース）、イブン＝スィーナー（アヴィセンナ）の名をあげている。

第9章　ヴァイキングの冷たい「イェルタ（心臓）」

ギヨームが海を越えてやって来た、
血まみれの剣を携えてやって来た。
冷たい心臓と血まみれの手が
いまイングランドの地を制す。
スノッリ・ストゥルルソン〔詩人〕『ヘイムスクリングラ』（紀元1230年）

中世の間、ヴァイキングは北欧で重要な役割を果たした。8世紀から11世紀までのヴァイキング時代を特徴づけたのは、広範囲への移住と交易の追求——ここまではいい——と、多くの強奪だ。アイスランド人の詩人であり歴史家であったスノッリ・ストゥルルソンが1230年に著した『ヘイムスクリングラ』（ノース人の王たちのサガ〔北欧の散文物語〕）は、9世紀から12世紀にかけてのノルウェーおよびスウェーデンの王たちの伝記物語集である。[*1] 本章の冒頭の題辞は、〔ノルマン朝イングランドの開祖となった〕ウィリアム征服王（ノルマンディー公ギヨーム）についてのものである。

ウィリアム征服王は「冷たい」心臓をもっていたとされるが、これはヴァイキングたちが使う褒め言葉だった。心臓が小さく冷たいほど、その戦士は勇敢であるとされた。臆病者の心臓は大きく、温かく、震えているとされた。勇敢な者は小さく、冷たく、強固な心臓をもつのだった。古ノルド語の「hjarta（イェルタ）」は、筋肉でできた心臓を指すことも、情動の座としての心臓を指すこともできる言葉だった。また、勇敢であることや、「冷たい心のもち主」などというときの「心」の意味でも使われた。

ノース人の英雄詩『アトリの歌（Atlakviða）』（11世紀）では、グンナルとホグニの兄弟がアトリの家来たち（おそらくアッティラ王と彼の率いたフン人たち）によって捕らえられる。アトリは兄弟の隠した財宝を手に入れたがり、グンナルにその場所を明かすよう要求した。グンナルはこう応じる。

まずはホグニの心臓を私の両手に収めるべし。

アトリはこれに同意し、家来たちが大皿に心臓を載せてグンナルのもとへ運んできた。

いま私の手元にあるのは、臆病なヒャルリの心臓である。勇敢なホグニの心臓とは違うものだ。皿の上に置かれてなお震えているではないか。あの男の胸のなかではその1倍半も震えていたことだろう。

家来たちは勇敢なホグニの心臓を取りに戻っていく。

するとホグニは笑った。この生きた兜鍛治の心臓を彼らが切り取るそのときに。涙など彼は流さなかった。

こうして弟の心臓が運ばれてくると、グンナルはこう語った。

いま私の手元にあるのは、勇敢なホグニの心臓である。臆病なヒャルリの心臓とは違うものだ。皿の上において少ししか震えていない。彼の胸のなかにあったときにはさらに震えが少なかったことだろう。

そしてグンナルはアトリたちを笑う。弟が死んだ今、グンナルは秘密の財宝の隠し場所を知る唯一の者だった。拷問を受けても彼はその場所を明かさなかった。ついに、アトリたちは諦めてグンナルを毒蛇の穴へと放り捨てた。グンナルはそこで琴を奏でながら死ぬ。

ヴァイキングは実際には農民であり、戦士（男女どちらも）として戦うのはパートタイムの仕事にすぎなかったが、度胸があり、厳しく、冷たい心は彼らの理想だった。ノース人の伝説に登場する竜殺しの英雄、シグルズは、『ヴォルスンガ・サガ』でこう述べる。「戦いで敵に会ったときには、鋭い剣よりも不屈の心臓が勝る」。

『ベーオウルフ』は、イェーアタスの国の英雄ベーオウルフの物語を伝える古英語叙事詩だ。ベーオウルフはデーン人の王、フロースガールの援助にやってくる。フロースガールの酒宴の館（現代の英語で「mead hall」。ゲルマン系民族の領主が兵士や家臣、客人をもてなすために用いた茅葺きの館。建物自体が一つの大広間となっており、蜂蜜酒（現代の英語で「mead」）などが供された）「ヘオロット」が、怪物グレンデルに攻撃されたのだ。物語の舞台は６世紀のスカンジナビア半島である。紀元９７５年の最初期の写本（物語自体は７世紀には既に口伝のかたちで存在していたと思われる）で、ベーオウルフはこう述べている。

彼がこちらに来たら
私は立ち向かうつもりだ、

彼の吹く炎から逃げるのではなく
われわれのいずれが勝つのかを
運命が決めるまで立ち続ける。私の心臓は硬く、
私の手は穏やかだ。熱き言葉は
私には要らない。

11世紀末までに、ハーラル（ハラルド）青歯（せいし）王の治めていたデンマークや、ウィリアム征服王の治めていたイングランドなど、ヴァイキングの諸王国はキリスト教への改宗を受けはじめていった。こうして、やがてヴァイキングたちは自らの冷たい心臓を、「Cor Jesu Dulcissimus」、すなわちイエスの甘美なる御心と引き換えたのである。

第10章　アメリカ大陸の生贄の心臓

トシュカトル――アステカの儀式に用いられた暦の第５の月――には、毎年１人の若者がその外見に基づいて名誉ある大役に選ばれていた。この役目に選ばれる男性は、滑らかな肌と、長くまっすぐな髪のもち主でなければならなかった。それから１年、彼は神のように扱われた――まさに、ある一柱の神のように扱われたのである。

彼は夏の太陽と夜空の神、テスカトリポカの姿に仕立て上げられる。テスカトリポカは作物を実らせることもできれば、焼けつくような日照りで植物を枯らすこともできる神だ。若者は肌を黒く塗られ、花冠や貝殻の胸当て、たくさんの宝飾品を身につける。彼は望むがまま事を為すことのできる４人の美しい妻をあてがわれる。彼に求められるのは、人びとが彼を敬うことができるよう、笛を吹いて花ばなの香りを嗅ぎながら街を歩くことだけだった。

12か月が経ったとき、神に扮したこの人物はピラミッド型の神殿の階段を一段ずつ上りながら、笛を打ち砕いていった。群衆が敬愛に満ちた眼差しで見守るなか、彼は石の祭壇に横たわる。４

図 10.1 アステカの儀式における生贄の心臓

マリアベッキアーノ絵文書より（fol. 70r）.（出典：Foundation for the Advancement of Mesoamerican Studies, Inc. / Wikimedia Commons / Public Domain）

人の神官がこの若者の腕と脚を押さえ、５人目の神官が胸元を切り開く。そこに手を差し込み、心臓を引きちぎるのだ。まだ拍動している心臓を捧げ物として空高くもち上げれば、必ずや日差しと雨が訪れ、作物を実らせるとされた（図10・1）。

その後、幸運な若者がまた新たに選ばれ、翌年のテスカトリポカの役目を果たすのだった。

アステカ人たちは現在のメキシコ中央部に住んでいた（紀元１３２５年

~1521年)。彼らは、人体が3つの霊魂の一時的な居場所としての役割を果たし、それぞれの魂は体内の異なる場所に収まっていると考えた。[*1] これはプラトン、ガレノス、アル=ラーズィーによる魂の三部分構造理論と驚くほどよく似ている。「トナリ」は頭部にある魂で、理性、活力、そして成長と発達に必要なエネルギーを体に供給するとされ、夢や儀式での幻覚を見ている間には体を抜けだすことがあると考えられた。心臓にあるとされた「テヨリア」は、知識や知恵、記憶の源だと考えられた。トナリとは違い、テヨリアは人が生きている間にその体を離れることはないとされた。テヨリアは生涯を超えて来世へと存続する、人間の不死の部分だと考えられた。肝臓にあるとされた「イヨトル」は、情熱や情動、欲求を統制すると考えられた。

アステカ人たちは、自分たちの心臓を使ってテオトル(神のエネルギー)と近づきになった。[*2] 頭部と肝臓の間にある心臓は、頭の理性と肝臓の情熱を活用できる中央部に位置していた。この考え方は、アリストテレスが魂は心臓に集中的に配置されていると考えた際の論拠ともさほど違わない。

血液は生命力を含み、心臓はテヨリアを保持していて、それによって神がみの力を強めることができるとされた。人間の心臓を生贄として神に捧げること(ナワトル語で「ネシュトラワリストリ」)は「適切なもの、ふさわしいものを与えること」〔「債務を返すこと」とも訳される〕を意味した。心臓の犠牲を捧げる前とその最中には、神官たちと共同体の構成員たちが神殿の前の広場に集まり、自己犠牲として自らを尖ったもので突き刺し、貫き、血を流した。神がみへのささやかな血の生贄として、女性たちは舌に穴を開けて縄を通し、男性たちはペニスに穴を開けた。

中米のマヤ人たち（紀元前1800年頃～紀元1524年）は、人類は神がみに栄養を与えて支えるためにつくりだされたのだと考えていた。人間の生贄はメソアメリカのいくつもの地域でよく行われた。考古学的証拠からは、心臓の生贄がオルメカ文化の時代（紀元前1200年頃～400年頃）の昔に行われていたことが示唆されている。プレペチャ（紀元前150年頃～紀元1500年代）やトルテカ（紀元900年頃～1200年代）といった初期メソアメリカ文化では、心臓の生贄が頻繁に捧げられていた。

アステカ人たちが広く知られるようになった12世紀から14世紀にかけて、心臓の犠牲はまったく珍しいことではなくなっていた。[*3] 太陽神ウィツィロポチトリは闇に対して絶え間なく戦争を起こしており、もし闇が勝てば世界が終わってしまうとされた。太陽が空を横切り続け、作物と自分たちを生かし続けてくれるよう、アステカ人たちはウィツィロポチトリに人間の血と心臓を与えなければならなかった。ウィツィロポチトリへの生贄となる犠牲者たちは、石の犠牲台の上に横たえられた。神官が黒曜石または燧石〔硬質の石英でできた岩石〕の刃を犠牲者の胴体の上部に差し込み、横隔膜までを切り開く。続いて、神官は心臓を手で掴んで体から引きずりだす。そして、まだ拍動している心臓を空へと掲げて貢物とするのだ。アステカ族は心臓をいっぱいに詰めた巨大な粘土の壺を集め、後にその中身をセノーテ（地下水の満ちた大きな陥没穴）に投じて、神がみをなだめるとともに、太陽を浴びて育った作物への感謝とした。

心臓が引きちぎられた後の残りの体は、ピラミッド型の神殿の上からコヨルシャウキの石（月の女神であるコヨルシャウキにちなんで名づけられた）へと落とされた。この石の上で生贄の体の残りの部分を解体するのは、戦神ウィツィロポチトリの母〔別の伝説では姉とされる〕であったコヨルシャウキの物語の再現だった。アステカの一族が移住の旅にでた際、聖地コアテペク（「蛇の山」）から動こうとしない母コヨルシャウキに腹を立てたウィツィロポチトリは、母の頭を切り離して体をばらばらにし、その心臓を食べ、一族を新たな安住の地へと導いたという。生贄の犠牲者の解体された体の各部は、犠牲者〔戦争の捕虜など〕を捕らえる役割を果たした戦士に与えられた。戦士はそれを要人たちへの貢物とすることもあれば、儀式における食人のために自ら使うこともあった。14世紀の間に、アステカ帝国の首都テノチティトランでは15000人を超える生贄があったと推定されている。

ペルーで近年行われた発掘からは、さらにぞっとする発見がなされている。チムー王国（紀元1000年頃～1400年代）では、大雨による洪水の後、たった1日の間に140人以上の子ども（6歳から14歳）のまだ動いている心臓が切り取られた。[*4] チムーの人びとは、子どもの心臓によって神がみをなだめて雨を止められるよう、儀式における子どもの大量殺戮が必要だと信じていたのだ。近年のまた別の発掘でも、132人の子どもたちが心臓を捧げるための犠牲にされたことが見いだされた。一度きりの出来事ではなかったのだ。

ペドロ・デ・アルバラード（1485年～1541年）は、アステカ、マヤ、インカの侵略に参加したことが知られている唯一のコンキスタドールである。『ヌエバ・エスパーニャ征服の真実の歴史』［『メキシコ征服記』（全3巻）小林一宏訳、岩波書店、1986年～1987年］において、ベルナル・ディアス・デル・カスティーリョはこう書いている。

やって来たアルバラードは、この村むらがまさにその日に無人となっていたことに気づいた。そして、彼は村むらのcues［神殿、ピラミッド］のなかで、生贄として殺された男たちと少年たちの死体、血まみれの壁と祭壇、そして、偶像群の前に並べられた犠牲者たちの心臓を見たのだった。彼はまた、犠牲者たちが胸を切り開かれて心臓をちぎり取られるのに使われた石の台も見つけた。アルバラードはわれわれに、死体には腕または脚がなかったこと、それらは食べられるために運びだされたのだと彼に伝えたインディアンたちがいたことを告げた。この残酷さにわれわれの兵はおおいに衝撃を受けた。こうした生贄について、私はもうこれ以上述べるまい。われわれは行き着いたどの町でもそれらを見つけたからだ。[*5]

メソアメリカ人たちの医療の実践について、私たちが知ることは少ない。彼らが薬草を使ってさまざまな病を治療していたのは確かだが、彼らは病気を患うのは神がみの不満によるものだと考えていた。

コロンブス以前の南北アメリカ大陸の文化がスペイン人たちによって侵略・征服されると

(1521年から1532年にかけてのことだ)、心臓の生贄は禁止された。種々の先住民族はカトリックの信仰に改宗させられた。今や彼らの神は、彼らに対するイエスの愛の印である燃え上がる心臓に象徴される「愛情ある」神となった。彼らは征服者たちのための奴隷として労働を強いられながらも、この新たな愛の宗教を実践することができた。これは、ウィツィロポチトリにもはや心臓の生贄を捧げられなくなったことで訪れた、予言通りの彼らの世界の終わりだったのだろうか？　少なくとも、比喩的にはそのように思われた。

♡

一方、南北アメリカ大陸の反対の端には、グウィッチン[*6]という、アメリカ大陸の北限に暮らす先住民族がいた。彼らは2万年にわたってカリブー〔大型のトナカイ〕狩りをしてきており〔定住化が進行した20世紀以降も行われている〕、カリブーとの深い精神的なつながりから、今も自分たちのことを「カリブーの人びと」とよぶ。

彼らの万物創造の物語では、グウィッチンとカリブーとはもともと一つであった。別個の存在になった際、グウィッチンとカリブーは互いの心臓の一片ずつをもっていった。一頭一頭のカリブーが人間の心臓のかけらをもち、一人一人の人間がカリブーの心臓のかけらを持つために、人とカリブーとは精神、身体、知性の面でつながっていた。彼らは互いの習慣を知り、互いに敬意をもち、互いが生き延びるのを助けた。カリブーは人間に食料と衣類を提供し、人間は必要な分だけを取って、カリブーの生息地を保護した。

時を現在まで早送りすると、心臓で結ばれたこの協働的な関係性は今や危機に瀕している。彼らの土地が石油掘削によって侵食されているためだ。

第11章　心臓のルネサンス（再生）

暗黒時代が大発見時代（「大航海時代」の名でも知られる）に道を譲り渡すと、科学者や医師たちは長年にわたる心臓の各種理論に疑いを向けはじめた。[*1] それらの理論はおもにガレノスの見解であり、アリストテレスとヒポクラテスの考えが少々そこに混じっており、ほとんどがアラビア語の翻訳から得られたものだった。それでも、心臓はなお体の最高位の器官の座にとどまっており、感情的な魂の在処とされていた。

1498年に、画家であり、科学者であり、発明家であったレオナルド・ダ・ヴィンチは自らのノート（手稿）にこう書いている。「涙は心臓から来るのであって脳から来るのではない」。1535年には、医師であり、薬学者であり、植物学者であったアンドレス・ラグーナ・デ・セゴビア（セゴビアのアンドレス・ラグーナ）が著書『Anatomica Methodus〔解剖学的方法〕』にこう書いている。「もし本当に心臓それのみから怒り、あるいは情熱、不安、恐怖、悲しみが起こるのであれば、もし心臓それのみから羞恥、楽しみ、喜びが湧きでるのであれば、なぜ私がそれ以上をいうことがあろうか?」」。また、『憂鬱の解剖』の著者であるロバート・バートンは、1621年にこう書いた。「［心臓は］生命の、熱の、精神の、脈拍と呼吸の座かつ基盤であり、われわれの体の太陽であり、体の王かつ唯一の指揮官であり、あらゆる情熱と態度の座であり器官である」。

♡

ルネサンス期の2人の重要人物——レオナルド・ダ・ヴィンチとアンドレアス・ヴェサリウス（近代解剖学の父として知られる）——が、心臓の解剖学的構造の理解を進め、今の私たちが初めての正確な心臓の描写図と認めるスケッチを描いた。博学のレオナルド・ディ・セル・ピエーロ・ダ・ヴィンチ（1452年～1519年）は、解剖学の専門家だった。*2 マルカントニオ・デッラ・トッレと協力しながら、ダ・ヴィンチは腱や筋肉、骨、器官を調べ、スケッチした。デッラ・トッレはイタリアのパドヴァ大学で解剖学の教授を務めており、病院から得られたヒトの死体を解剖する許可をもっていた。デッラ・トッレはダ・ヴィンチと本を出版するつもりでいたが、1511年にペストにより早逝した［30歳］。2人がともに過ごした間に、ダ・ヴィンチは750点を超える注釈つきの精細な人体解剖図を描き上げた。ダ・ヴィンチと同様、ルネサンス期の大部分の芸術家たちは解剖を人体の各部を描くための有用な訓練とみなしていた。当時、絵画を学

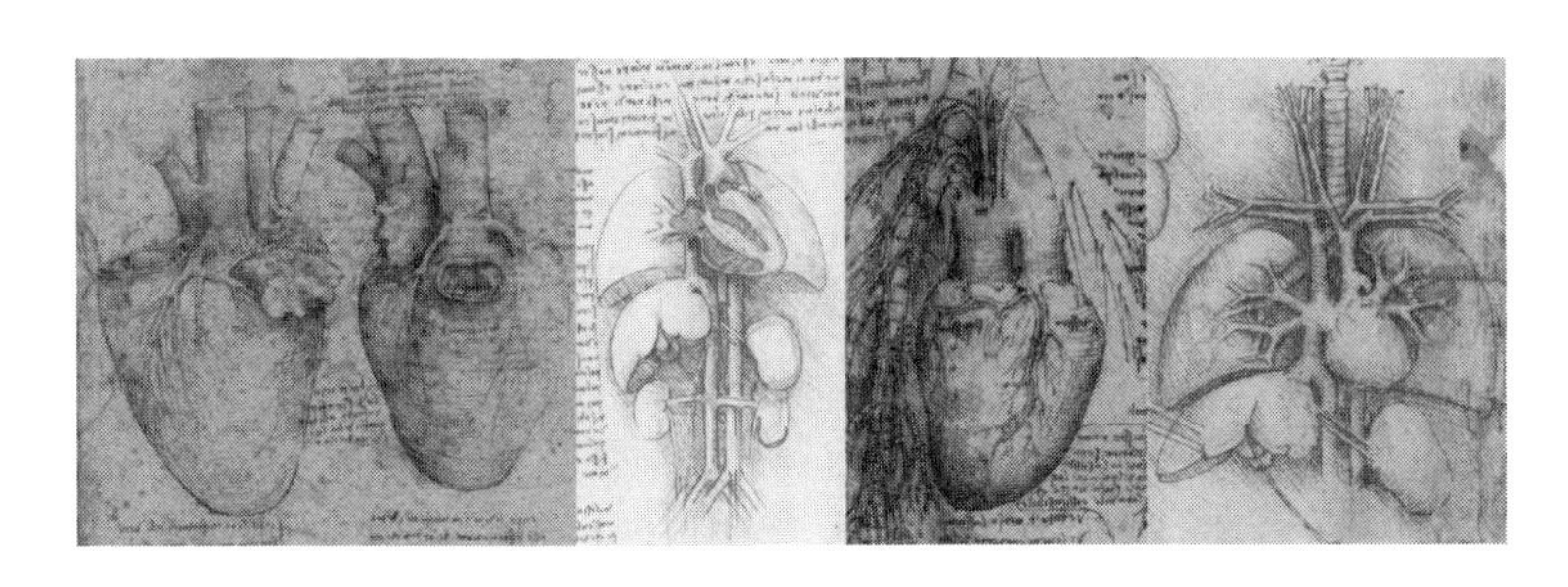

図11.1 レオナルド・ダ・ヴィンチによる心臓の線画と注釈

（出典：© Royal Collection Enterprises Limited 2025 | Royal Collection Trust / detail images）

ぶ上で研究すべき人体の3要素があった。骨の配置、筋肉の分布と配置、それらの上に重なる皮膚と脂肪である。

当時の多くの芸術家（例：ミケランジェロ）が骨、筋肉、皮膚の描写を研究していたが、ダヴィンチは体内の残りの部分も精査しており、その度合いが並外れていた。彼は4つの心腔を正確に描いた初めての人物だ（図11・1）。この詳細な解剖学的調査により、今や心臓が4つの小部屋に分かれていることが正しく理解されたのだった。アンドレス・ラグーナ・デ・セゴビア（1499年〜1559年）は1535年にこう書いていた。「心臓には右と左、たった2つの心室しかない。心臓に3つめの心室をつけ足した人びとのもちだした謎かけには何の意味があるのか、私にはわからない。唯一思いつくのは、ひょっとすると中隔に見つかるという例の穴あなのつもりでいっているのかということのみだ」。彼は明らかにガレノスへの当て擦りをしている。

ダ・ヴィンチは複数の実験を通してガレノスが誤って

いたことを立証した。空気ではなく血液が、肺から心臓へと流れ込んでいた。彼はまた、実験を通じて、心臓のなかにある弁が血液を心腔間で一方向にのみ流れさせ、逆流を防いでいることも証明した。ダ・ヴィンチは大動脈弁の閉まり方が血液のつくる小さな渦によって決まっているこ とを初めて記載した。大動脈弁は左心室から血液が射出された後にぴたりと閉まり、血液は大動脈を通って体の残りの部分へと押しだされる。ダ・ヴィンチはこのしくみを見つけだす上で、雄牛の心臓を蝋で満たすという方法をとった。蝋が固まった後、それを基に大動脈の構造をガラスで再現したのだ。彼はこのガラス製の大動脈にガラス粒入りの水を送り込み、ガラス粒が弁に向かって渦を巻きながら戻ってくるのを目撃した。彼の観察結果が再証明されたのは1968年になってからのことで、オックスフォード大学の工学者、ブライアン・ベルハウスと〔その父である〕フランシス・ベルハウスは、この事実を発見したのは自分たちが初めてだと思っていた〔ベルハウス親子はナイロンとシリコーンでつくった人工弁を実験に用いた〕。ダ・ヴィンチが400年も先んじてこの結論に達していたことを彼らが知ったのは、自分たちの研究結果を〔論文として科学誌『ネイチャー』誌上に〕発表してから1年が経ってからのことだった。

心臓をおおいに正確に描くことができたダ・ヴィンチ。その能力を称賛しすぎてしまう前に、彼がガレノスの見解からあまり大きく逸脱してはいなかったと理解しておくことは大切だ。「心臓それ自体は生命の始まりではなく、ほかの筋肉と同様に、動脈と静脈によって生命と栄養を与えられた密な筋肉でできた容器である。心臓はこれほどの密度をもつがために、火をもってしてもほとんど損壊させることはできない」。ダ・ヴィンチは心臓の主目的は熱を生みだすことだと信じており、その熱は心腔の間を行き来する血液の動きによって生じる摩擦によるものだと考えていた。

ダ・ヴィンチはガレノスの教えに多大な影響を受けてはいたものの、心臓についての理解を千年超ぶりにまともに前進させる新発見をいくつか行ったのは確かだ。たとえば、ダ・ヴィンチにとって心臓――ガレノスが信じていた肝臓ではない――が動脈系・静脈系の中心であることは明白だった。彼はまた、魂を脳――そのなかでも第三脳室の前方にある視交叉の真上――に位置づけた。魂は判断の座にあり、そこにはあらゆる感覚が集まると彼は考えた。ダ・ヴィンチはこれを「senso commune」、すなわち共通感覚（常識）と称した。

ダ・ヴィンチは冠動脈が狭まって詰まること（今でいう冠動脈アテローム性動脈硬化）が突然死の原因になりうることに気づいた最初の人物でもあった。1506年、彼は100歳ほどと思われるある男性が突然穏やかに死ぬのを目にした。ダ・ヴィンチは「これほど甘美な死の原因を識別するための解剖」を行った。解剖の結果、ダ・ヴィンチは老人の冠動脈に「厚みを増した被膜」、つまり狭窄（きょうさく）を見つけ、これが突然死の原因だと推定した。ダ・ヴィンチは冠動脈疾患が突然死の原因であるとの診断を歴史上初めて下した人物でもあったのかもしれない。

もはや暗黒時代からは脱した西洋において、心臓の構造と機能についてのダ・ヴィンチの新発見の数かずは1500年ぶりの本格的な理解の進歩となった。しかし、彼の死後、その一切の著作物は彼の弟子であり友人であったフランチェスコ・メルツィに受け渡された〔メルツィはダ・ヴィンチの手稿の編纂に取り組んだ〕。メルツィの子孫はダ・ヴィンチの日記を売却し、著作は失われたり、個人蒐集家の手に渡ったりした。ダ・ヴィンチの心臓の解剖図と注釈は最終的にイングランド王チャールズ2世に購入され、ウィンザー城王室図書館に収められることとなり、そして忘れられた。それらが再発見され、公開されたのは1796年になってからのことだ――ダ・ヴィンチの死後250年以上が経っていた。

♡

フラマン人〔フランデレン人、フランドル人とも〕の解剖学者であり医師であったアンドレアス・ヴェサリウスは、1533年にベルギーをでて、ヴェネツィア共和国の一部となっていたパドヴァへと向かった。[*3] この頃、パドヴァは既に西洋の科学と医学の中心地になっていた。しかし、解剖の実演所は知の中心地というよりむしろサーカスの劇場に近かった。解剖学者たちはガレノスや古代ギリシャ人たちから得た知識で群衆を楽しませていた。ヴェサリウスは古い理論に異議を突きつけたかったたが、それには解剖用の死体が必要だった。ヴェサリウスは歴史上最も専門知識のある死体盗掘人の一人となった。彼は犯罪者の体を絞首台から切り落とし、埋葬途中の遺体を墓地からもちだした。彼は学生たちと納骨堂に押し入って遺体を盗んだ。解剖をすればするほど、彼はすでに受け入れられていた心臓と体についての理論に疑問をもつようになった。

　ヴェサリウスを悩ませたガレノスの理論の一つが、血液が目に見えない小孔群を通って心臓の右側から左側へと動くとするものだった。ヴェサリウスは心臓を調べたが穴など見当たらなかった。代わりに彼が見いだしたのは、心室どうしを隔てる分厚い筋肉の壁（心室中隔）だった。不運にも、彼は次の一歩を踏みだして循環器系を発見することはなかった。同時に、彼はガレノスの誤った理論のいくつかを正しいとみなしてもいた。たとえば、血液が肝臓によってつくられて体内で消費されるという理論や、心臓がかまどであるといった理論だ。

　ヴェサリウスは医学史の最重要書の一つと考えられる『De Humani Corporis Fabrica〔人体の構造についての書〕』を著した〔通称『ファブリカ』〕。1543年に出版されたこの本で、ヴェサリウスは人体についての当時の知識の大部分に異議を唱え、ガレノスの誤りの多くを正した。ヴェサリウスは心臓を「生命の中心」とよんだ。しかし、彼は魂の位置という話題は避けた。確立された教会の教義のみを認める宗教的権威者たちの怒りを恐れてのことである。


　ここでは何らかの「無駄口叩き」、あるいは教義の何らかの批評に触れることを避けるべく、私は魂の種類とそれらの位置に関する論争を完全に避けることとする。なぜなら、今日、われわれの最も誠実で神聖なる宗教に属する審判者たちが、とくにわが故国に生まれ育った人びとの間に多く見いだされるであろうからであり、また、彼らがプラトン、アリストテレス、ガレノス、あるいはそれらの解説者たちによる持論について、魂について、誰かが疑問を漏らすのを耳にしたなら、たとえその主題が解剖学であろうと（解剖学に関してこれらの話題がとくに論じられる可能性が高い）、彼らはそんな人物は信仰を疑っているのだとか、魂の不滅性についていくらか確信のなさを抱えているのだといった結論に飛びついてしまうだろうからだ。

ヴェサリウスがティツィアーノ〔ティツィアーノ・ヴェチェッリオ、英語では Titian〕（もしくはティツィアーノ派の画家）を雇い、芸術を心臓などの器官を精細に描きだす道具として利用したのだと考える人びともいる（図11・2）。ヴェサリウスは動脈・静脈とそれらの枝分れの経路を全身にわたって図式化することができた。彼はまた、静脈内部の弁（心臓へと向かう血液の流れを保ち、血液が逆流して脚に溜まってしまうのを防ぐ）を描いた図を初めて出版してもいる。歴史家たちは、ヴェサリウスがスペイン王カルロス1世（神聖ローマ皇帝カルロス5世）の侍医となるためにパドヴァを離れていなければ、心臓からでて心臓へと戻ってくる血液の循環をおそらく発見していたことだろうと推測する。

実は、静脈内部の弁を発見したのは、パドヴァ時代のヴェサリウスの弟子であったヒエロニムス・ファブリキウス〔イタリア語名：ジローラモ・ファブリツィオ〕（1537年～1619年）だった。ファブリキウスは血液が心臓から体の末梢へと移動する際、静脈を通っては移動できないことに気づ

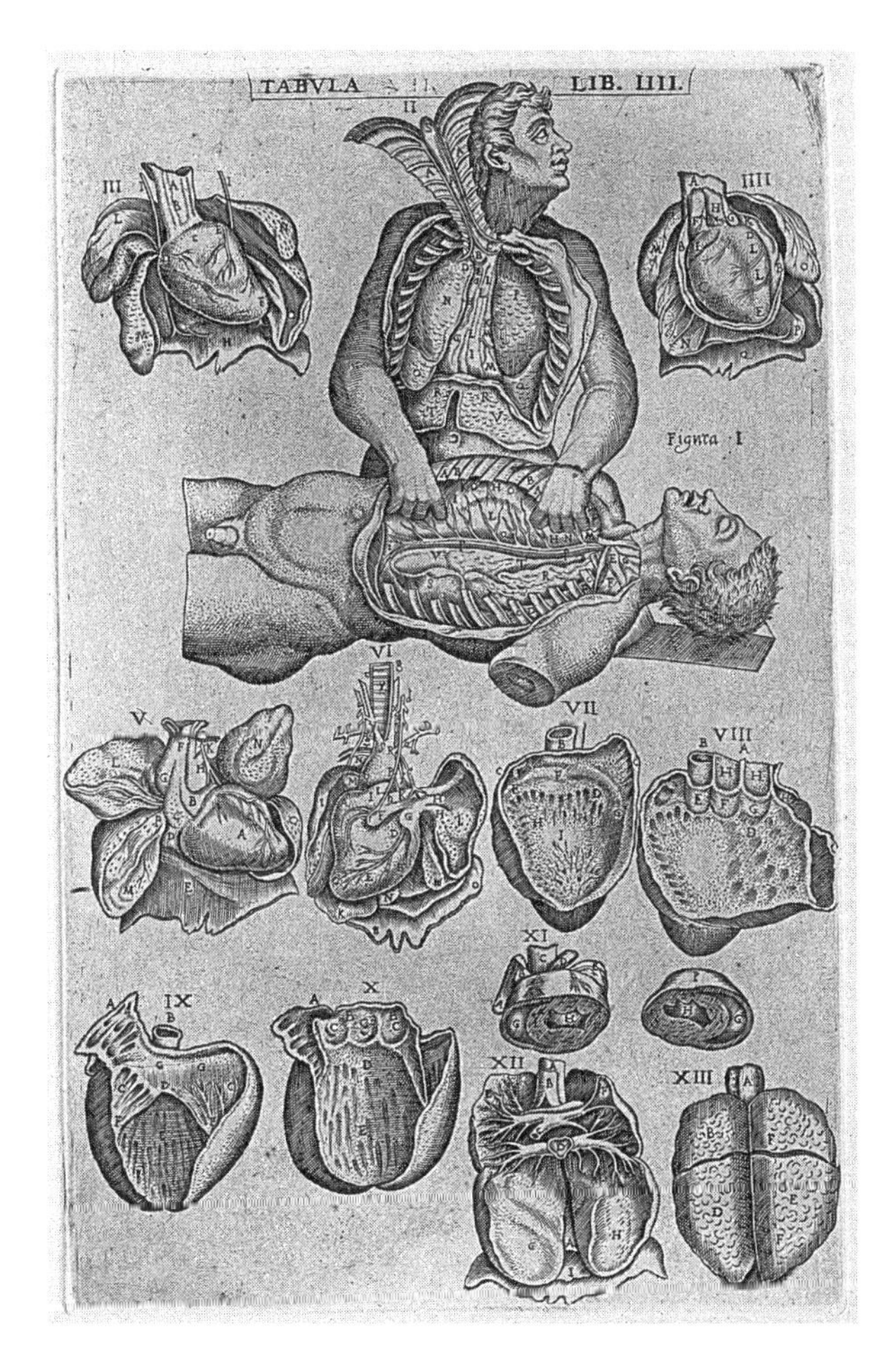

図 11.2 胸腔があらわになった 2 人の人物の図

1 人がもう 1 人を解剖している（図中 I, II）．おもに心臓を描いた図（図中 III から XI）と，肺の図 2 点（図中 XII, XIII）が添えられている．版画，1568 年（出典：Wellcome Collection. Public Domain Mark）

いた。これは血液が足先に溜まるのを防ぐためだと思いついた彼の考えは正しかった。だが、彼が理解していなかったのは、血液が静脈を通って心臓に戻ってくることだった。それを見いだしたのはファブリキウスの弟子だった。ウィリアム・ハーヴェイというこの弟子の姿を、私たちはこれからほどなくして知っていくことになる。

♡

フランスで活動したスペイン人の神学者、医師、解剖学者、ミカエル・セルウェトゥス〔フランス語：ミシェル・セルヴェ、スペイン語：ミゲル・セルヴェート〕は、心臓の右側が肺へ血液を押しだすことを「発見」した。これは、実際にはアラブ人医師のイブン・アル＝ナフィスによって13世紀に既に記述されており、セルウェトゥスはイブン・アル＝ナフィスの著作を目にしていた可能性もある。セルウェトゥスはこのしくみのことを自著『キリスト教復位』に書いている。

生命力をもたらす魂は、吸い込まれた空気と血液とを混ぜ合わせることによって生みだされ、右の心腔から左の心腔へと移動する。この血液の移動は、ふつう信じられているように心中隔を通じて起こるのではなく〔ガレノスの理論は1000年を超えてなお真実だとされていたのだ〕、肺を横切る長い導管を通じて起こる。血液は肺によって精製され、鮮やかになって、肺動脈から肺静脈へと進み、吸気と混合されて、残った蒸気を除去する。最終的に、この混合物全体が心臓拡張期の間に左の動脈によって吸い上げられる。

セルウェトゥスは、肺へ入っていく血液は肺からでていくときと色が異なることに気づいていた。今の私たちは、これが動脈血と静脈血の酸素分圧の違いによるものだと知っている。

不運なことに、セルウェトゥスの生涯は心臓についてのさらなる発見をしていく前に閉じられてしまった。彼は宗教について盛んに執筆し、1553年にジャン・カルヴァンと文通をはじめる。だが、カルヴァンは彼を告発し、セルウェトゥスは異端者と判断されてフランスで投獄された。火炙りの刑をいい渡されたものの脱獄したセルウェトゥスは、どうしたわけかジュネーヴに行ってカルヴァンと議論を続けようとしたが、そこでカルヴァンの支持者たちに火刑とされ、積み上げられた自著を焚き木として火に焼かれた。

16世紀中盤までには、医師と科学者たちはガレノス的心臓像に疑問を唱えていた。彼らは心臓のはたらきを理解しはじめていた。画家や詩人は心臓を恋人たち、神の愛、そして勇気と忠節の象徴として使い続けたが、その間、医師や科学者は心臓を現在のようなとらえ方で受け止めはじめつつあった——循環器系の中心にある血液のポンプである。

第12章　彼方此方へ

ゆえに、血液は動物体内を巡って絶え間なく循環するのであり、また、心臓の活動もしくは機能とはこの循環を拍動によって成し遂げることなのだと結論づけられてしかるべきである。

ウィリアム・ハーヴェイ（1628年）

農民の息子であったウィリアム・ハーヴェイは、2人のイングランド王の侍医を務めた。医学生時代、ハーヴェイはアリストテレスを師とみなした。ハーヴェイは医科学の中心地であったパドヴァへ行き、ヒエロニムス・ファブリキウスの下で学んだ（ファブリキウスはヴェサリウスの弟子であり、静脈内部の弁の発見者であった）。実験に基づき、ハーヴェイは心臓が「ポンプ」として血液をどのように全身へ送りだし、巡らせるのかといった血液循環を初めて機械論的に記述した人物となった。ハーヴェイが血液循環説を提唱する上では、ガレノスら先人たちの時代に

てしまう。ハーヴェイもまた同様の結論に達していた。彼は、30分間に心臓を通過する血液の量は、体内にある血液の全量よりも多いことを突き止めた。すなわち、血液は再循環しているはずだ。

ハーヴェイは階段教室に押しかけた満員の観衆を前に、イヌとヒト（処刑された罪人）の解剖実演を行った。彼はラテン語で講義をするのがつねであり、そこにリュート〔琵琶と近縁の弦楽器〕の伴奏がつけられた。ハーヴェイはイヌの心臓を露出させた後、その冠動脈を切り開くのだった。右心室の収縮に合わせて血液が観衆に浴びせられる――なんと楽しいことか！　彼は血液が心臓のポンプ作用によって動脈から全身へと送りだされる様子を示してみせた。その血液は静脈を通って心臓に戻り、肺へと送りだされて何らかの生命力を吸い上げる。今の私たちは、それが酸素だと知っている。その後、血液は左心室によって再び全身へと送りだされる。血液は再利用され、それによって心臓が毎日送りださなければならない血液量が賄われているのだった。

ハーヴェイは血液が心臓から動脈を通って離れていき、静脈を通って心臓へと戻ってくることを示す試験をいくつか行った。彼はヒトの腕に止血帯を巻き、静脈の血流を止めつつも、筋肉の間の動脈には影響を及ぼさない締め具合に調節した。こうすると、止血帯よりも下の部分では腕が膨れた。血液が腕に運ばれてくるが、そこからでていくことはできなくなった場合に予想される通りの結果だ。止血帯をゆるめた後、ハーヴェイは再び止血帯を締め直し、今度は先ほどよりもさらにきつくして、動脈と静脈の両方の流れを止めた。今回は血液が静脈に溜まっていくことはなく、腕が膨れ上がることはなかった。しかも、血液はきつく締めた止血帯の上の動脈内に溜まっていった。ハーヴェイは血液が「動脈によって彼方へ、静脈によって此方へ」動くのだと推測した。

だが、血液がどのように動脈から静脈へと移るのかは明らかでなかった。ハーヴェイは目に見えないほど小さな小孔があって、2種類の血管系をつないでいるのだと仮説を立てた。今の私たちはそれらの「小孔」が毛細血管であることを知っている。

♡

〔第3代〕モンゴメリー子爵、ヒュー・モンゴメリー〔第1代マウント・モンゴメリー伯爵〕は、10歳のときに馬の足のもつれにより落馬し、突きだした岩に胸を激しく打ちつけられた。肋骨は砕け、高熱が続き、膿瘍ができた後に破裂し、左胸にぽっかりと大きな穴が残された。傷が癒えた後も穴は空いたままだった。彼が成長するにつれ、穴は時折、鋼の板で覆われるようになった。実に信じがたい話だが、子爵はこの消えない傷にもかかわらずまったくの健康な人生を送ってきたように見受けられた。1659年にヨーロッパ興行にでて群衆をおおいに沸かせた後、有名になった彼は18歳でロンドンへと戻ってきた。ハーヴェイはこの珍しい症例をチャールズ1世に報告した。ハーヴェイは子爵を探しだして王の前に召しだすよう指示を受けた。その若者に対面したハーヴェイは、胸の穴を触診した。

この逸物の目新しさにすっかり魅了された私は、何度も繰り返し探っては検分し、そして一切のことについて入念に尋ね回ったところ、この古く巨大な潰瘍（熟練の医師がいなかったがゆえのことだ！）が奇跡的に癒え、内側が皮膚の膜で覆われ、周囲全体が肉で包み守られたことは明らかだった。

ハーヴェイは触診のことをさらにこう記述している。

だが、私はこの肉厚の物体〔胸の穴を覆う肉〕を、その拍動と、リズムあるいは刻む時間の違い（片手を手首に、もう片手を心臓に置いてのことだ）によって、そしてまた、彼の呼吸との比較検討によって、肺の一部ではなく、心臓の円錐部または本体であると結論づけた。私は心臓の動きに気づいた。すなわち、拡張期には引き込まれて縮み、収縮期には外へ押しだされてくる。また私は、心臓で収縮期が生じるのは手首で脈を感じ取れるときであることに気づいた。奇妙に思われるかもしれないが、こうして、私は心臓とその心室を、それらが自ら拍動するなか、ある若く活気に溢れた貴族の体内において、彼に危害を加えることなく手にとったのである。

私はこの若者本人を王のもとに連れていった。すなわち、陛下が御自らこの驚異的な事例をご上覧あそばされるということであり、それはすなわち、生きた健やかな人間のなかで、その個人に傷害をおよぼすことなく、陛下が心臓の動きを観察したまい、さらには収縮する動脈をその御手をもって触れたまうということである。そして至尊なる陛下は、また私は、心臓が触感を欠いていることを認めた。それはこの若者が、視覚もしくは外皮を通じての感覚によってのことを除けば、われわれがいつ心臓に触れたか決してわからなかったためである。

この若者の心臓を検分した後、王はこういった。「サー、私が抱えている貴族たちのうち幾人かの心の考えを、こうしてあなたの心臓を見たように把握したいものですよ」。それに対して若きモンゴメリーはこう返した。「陛下、ここに在らせられる神とご臨席の方がたに誓って申し上げますが、これ〔私の心臓〕は陛下のご深慮に反するような考えを内に抱えることは一切ありますまい。常に忠実な愛と陛下に支える揺るぎない決意に満ち溢れていることでしょう」。[*4]

♡

17世紀の終わりまでに、心臓の解剖学的知識は驚くほど正確なものとなり、ハーヴェイによる二重回路（肺循環と体循環からなる血液循環）の諸理論は広く受け入れられるようになった。科学が私たちの心臓観を決定的に変えてしまったのはルネサンスの間のことだった。心臓は今や、霊的な意義を欠いた機械的ポンプにすぎないものと考えられていた。

フランスの哲学者、数学者、そして非常勤の生理学者であったルネ・デカルト（1596年〜1650年）は、ハーヴェイの血液循環説を最初に受け入れた学者たちの一人だ。[*5] だが、デカルトはハーヴェイが心臓をただの受け身のポンプとして記述したのは間違いだと論じた。デカルトは心臓が機械のようなかまど（燃焼機関だと考えてほしい）にむしろ近いものだと信じていた。デカルトは魂の座を脳の中央にある松果体に位置づけていた。「はるか脳にまで入り込む血液の役割は、その実体に栄養を与えて維持することだけではなく、おもに、あるとても澄んだ風、より的確にいえば、とても活気に満ちて純粋な炎を生みだすことにある。これは動物精気とよばれるものである」。[*6] デカルトの心臓観は『人間論』（1662年）に記されているが、これは彼の死後に発表されたものである。彼は、1632年に書き終えた著作集を出版すれば、ガリレオ・ガリレイが著書『二大世界体系についての対話（天文対話）』で1633年に受けたような異端の疑いにさらされるのではないかと恐れていた。カトリック教会は、地球は太陽の周りを回っており、宇宙の中心ではないとの概念を異端と宣言した。拷問による脅しも受けたがガリレオは生き延び（彼自身は敬虔なキリスト教徒だったという）、残りの人生を自宅軟禁のうちに過ごした。

心臓はもはや魂の場とはみなされなくなり、神が人と交流する場でもなくなった。心臓は私たちの情動や感覚に反応するだけの器官とされた（好きになったばかりの人を見かけたり、ライオンが飛びかかってきそうになったりしたときに心臓の鼓動が速まることを考えてほしい）。以後、心臓が愛、勇気、そして欲求の源とされるのは比喩的な意味でのみとなる――しかし、この比喩は強力なものであり続けるのだった。

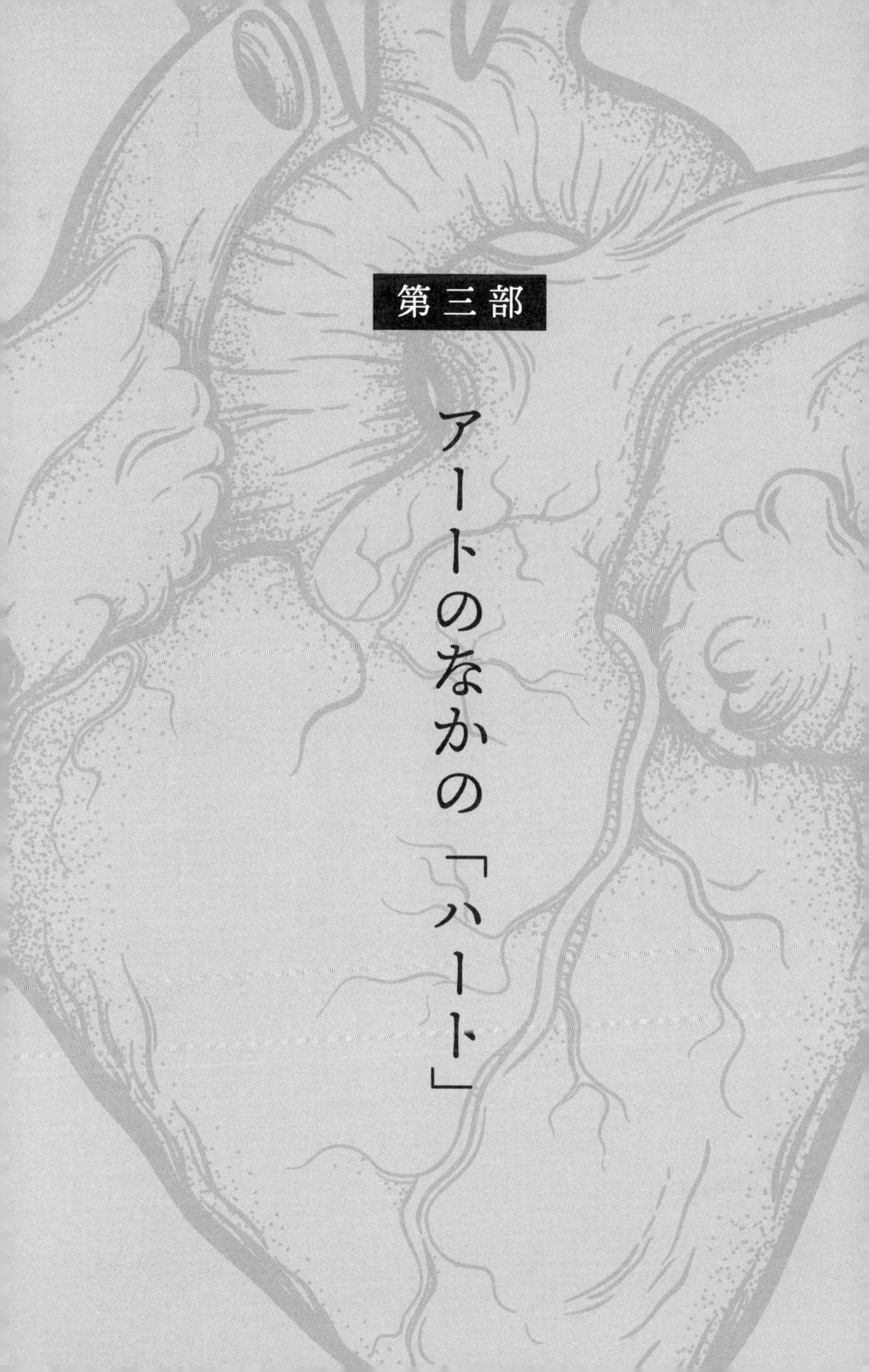

第三部

アートのなかの「ハート」

第13章　美術のなかの心臓

私は自らの心と魂を作品に込め、その過程で理性を失った。

フィンセント・ファン・ゴッホ

もし私が心で創作すれば、ほぼすべてがうまくいく。頭ですれば、ほとんど何もうまくいかない。

マルク・シャガール

ヨーロッパで解剖学の文献以外において初めて心臓を美術的に描いた例として知られている図は、中世の1255年頃に書かれた『Roman de la poire〔洋梨の恋物語〕』に登場する。ティボーという詩人によるこの挿絵入りの写本には、乙女の前に跪いて自分の心臓を捧げる恋人を描いた場面がでてくる。乙女はいくぶん困惑しているように見える（図13・1）。松ぼっくりのような形をした心臓の基部（ハート型の尖った部分）は上を向いており、当時受け入れられていたガレ

図13.1『Roman de la poire〔洋梨の恋物語〕』での心臓の比喩的使用例

（出典：Atelier du Maitre de Bari / Wikimedia Commons / Public Domain）

ノスとアリストテレスによるヒトの心臓の解剖学的記述に沿った形をしている。これは、恋愛の情を比喩的に示すために心臓を美術的に用いた最初の例かもしれない。[*1]

１３０５年、ジョット・ディ・ボンドーネは、イタリアのパドヴァにあるスクロヴェーニ礼拝堂の壁画に美徳と悪徳を擬人化したものを描いた。壁画の右上の角には、美徳の一つであるカリタス（慈愛）の擬人化である女性が、上にいる神に自分の心臓を捧げている（図13・2）。このように、自らの心臓を神に差しだす美術的描写は宗教的な愛の象徴となりはじめた。

フランチェスコ・ダ・バルベリーノは、幅広い知識に基づく『Documenti d'amore〔愛の文書、愛の訓え〕』を１３１５年に出版した。この書には、コンスキエンツィア〔知の共有、良心〕という女性が登場する挿絵つきの詩が収められている。彼女は自らの心臓を手にしている。それは自分が純粋な良心——純粋な心臓——をもっていることを示すために、彼女が胸の奥から引きちぎったものだ。バルベリーノは『Tractatus de Amore〔愛の論文〕』〔おそらく先述の『Documenti d'amore』〕において、心臓を連ねた首輪をつけた馬の上に立って矢を放つクピードーの姿を示している（図13・3）。このように、心臓は純粋さと美徳を、そして同時に性愛と恋愛をも象徴することがあった。バルベリーノの叙事詩は当時の大流行となった。数年のうちに、ほかの芸術家たちはより装飾性が強く解剖学的性質の弱い、２つの丸い縁取りがついた心臓の絵を自身の恋愛作品に添えるようになった。

１３４４年にフランデレン（フランドル）地方のジャン・ドゥ・グリ〔写本装飾家〕によって挿

図 13.2 イタリア・パドヴァのスクロヴェーニ礼拝堂に描かれた 7 つの美徳のうちの「カリタス（慈愛）」

（出典：Giotto di Bondone / Wikimedia Commons / Public Domain）

図 13.3『Tractatus de Amore〔Documenti d'amore〕』の写本より「愛の勝利」の挿絵

愛の神がさまざまな社会的地位の男女を射抜く様子が示されている.（出典：Francesco da Barberino / Wikimedia Commons / Public Domain）

絵がつけられた『Li romans du boin roi Alixandre〔良王アレクサンドロス伝説〕』には、アレクサンドロス大王から受け取った心臓を掲げる女性が描かれている。アレクサンドロス大王は自らの胸に触れ、その心臓のでどころを示している。14世紀中盤までに、比喩としての心臓の図はヨーロッパ全土に現れるようになり、性愛または恋愛と、純粋な神の愛という、一見矛盾した題材の象徴として用いられた。

この頃、芸術家たちは心臓の尖った部分（心尖部）が下にきて心臓を支える（心基部が上を向く）ように心臓を描写しはじめたが、これは解剖学的にはより正確な形だった。この描写の最古の例は１３００年代中盤の、ミンネ〔騎士道的な愛〕の小箱（minnekästchen）とよばれるオーク材の小さな箱の一つに見られる。このドイツ式の箱は、愛する人へのプレゼントとして贈られ、宝石や身の回り品を入れるのに使われるものだった。小箱に施されたある絵は、ある若者がフラウ・ミンネ〔ミンネ婦人〕に自らの心臓を贈る様子を描いている。フラウ・ミンネは中高ドイツ語（中期高地ドイツ語）文学に登場する、騎士道的愛を擬人化した女性だ。（イエスの姿が哀れみと同情の象徴として描かれたのとは対照的に）フラウ・ミンネはしばしば恋愛や情熱の「女神」と称された。２００９年にチューリッヒのギルドハウス〔同業者組合の建物〕で発見された１４００年代のある絵画は、愛に苦しみ、実直な心臓を胸の奥から比喩的に引きちぎられた男たちに対して采配を振るフラウ・ミンネの姿を示している。*2

１４１０年頃のフラマン人の織り手（作者名不明）によるタペストリー、「心臓の捧げ物」は、パリのルーブル美術館に展示されている。この作品は騎士道における恋愛の理想像を見事に示した美しい例だ。騎士が自分の心臓、すなわち自らの愛の象徴を、親指と人差し指の間に挟んで掲げている（図13・４）。心臓の形は、今の私たちがハート型として認識している印とよく似ている。

フラウ・ミンネは、マイスター・カスパー・フォン・レーゲンスブルクの１４８５年の版画「Frau Venus und der Verliebte〔ヴィーナスと恋人〕」に再び登場する。ここで彼女は実に19個もの心臓に囲まれており、それらは今の私たちが知るハート型に似た形をしている。フラウ・ミン

図 13.4 フラマン人の織り手（作者名不明）によるタペストリー「心臓の捧げ物」

（出典：Louvre Museum / Wikimedia Commons / Public Domain）

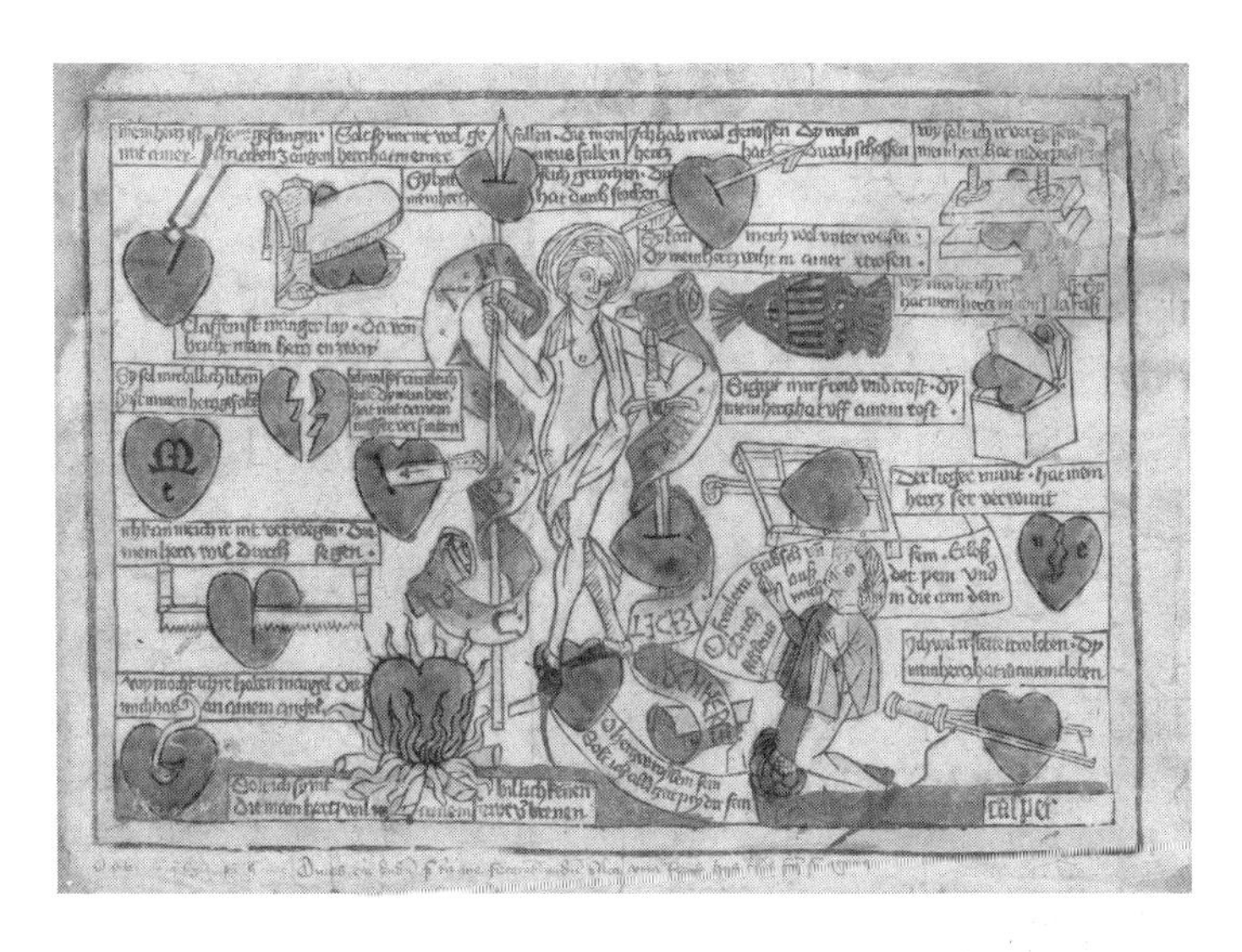

図 13.5「Frau Venus und der Verliebte〔ヴィーナスと恋人〕」

マイスター・カスパー作，1485 年頃.（出典：Staatliche Museen zu Berlin, Kupferstichkabinett / Dietmar Katz / Public Domain）

ネはなすすべもなく無力な恋人を見下ろしながら、それらの心臓を無数の方法で痛めつけている（図13・5）。痛みから解放してほしいと恋人が彼女に懇願するなか、心臓は矢やナイフ、槍で、さらには罠に挟まれたり、礫にされて焼かれたり、のこぎりで真っ二つに切られたりと、さまざまなかたちで暴力的に痛めつけられている。

1500年頃、フランス王ルイ12世の特使だったピエール・サラは、手の平に収めておくための『愛の紋章と警句』という豆本をつくった。この本には12編の愛の詩と絵が収められていた。この本は彼が生涯愛した女性で、人妻だったマルグリート・ビュリオー（先夫の死後、彼らはついに結婚した）のためにつくられた。挿絵の一つ「飛び回る心臓を網で捕らえようとする2人の女性の細密画」は、翼の生えた心臓が象徴する「舞い上がる愛」を捕まえようと試みる2人の女性を描いている（図13・6）。

心臓をかたどったこのハート型は、中世の残りの時期からルネサンスにかけてヨーロッパ中で増殖した。当時の絵画はもちろん、紋章、盾、剣の柄、宝石箱、墓石にもハートの図が登場した。また、ハート型の本もよくつくられるようになったが、これは心臓を記憶の座とする考えを体現したものだ。中世のハート型の書物には、恋愛の歌などの音楽か、宗教上の祈祷が収められた。ページを開いていない時の形はアーモンドに似ているが、開かれる時に心臓の形へと「花開く」のだった。ほかにも、閉じてある時には波型に縁取られた心臓のような形をしており、ひとたび開けば愛で結ばれた2つのハートを表現する本もあった（図13・7）。

♡

1480年前後に印刷機が発明されると、まもなくトランプ（中国に由来し、エジプトを通ってヨーロッパにもたらされた）のカードが市販用に製造されて出回るようになった。トランプの4つのスート（マーク）は中世の封建制度における身分を表している。スペードは紳士階級の剣、ハートは「純粋な心」の聖職者階級（それ以前の手描きのトランプでは聖杯を示すカップの記号

図13.6「飛び回る心臓を網で捕らえようとする2人の女性の細密画」

ピエール・サラの「愛の豆本」〔『愛の紋章と警句』〕より．（出典：The British Library [Stowe 955, f. 13]）

図 13.7『Chansonniere de Jean de Montchenu』（1470 年頃）

騎士道的愛についての歌（フランス語 30 曲，イタリア語 14 曲）を収めた本である．（出典：Bibliothèque Nationale de France の好意により掲載）

が用いられていた）、ダイヤは商人階級、そしてクラブは農業もしくは小作農階級を象徴していた。

♡

マルティン・ルターは、自らの信仰によって宗教改革の訪れを助けた16世紀の修道士・神学者であり、突き詰めればプロテスタントをローマ・カトリック教会と東方正教会に次ぐ第三のキリスト教主要勢力たらしめた人物だ。ルターは1530年に自身の著作物

図 13.8 ルターの薔薇

ハンガリーのブダペスト在住のDaniel Csörfölyが公開した画像.（出典：Wikimedia Commons / Public Domain）

に証明として添えるための標章の考案を委嘱し、その費用は彼の支援者であったザクセン選帝侯フリードリヒが支払った。白い薔薇に包まれた心臓のなかに黒い十字が描かれた——十字架にかけられたキリストの心臓を示す——その印は「ルターの薔薇」とよばれ、ルター派（ルーテル派）の象徴となった（図13・8）。心臓の内側にある十字架が黒いのは痛みをもたしたためであり、心臓が赤いのは命を与えたためであるとルターは述べた。白い薔薇の上に収まった心臓は、信仰が喜び、慰め、そして平穏をもたらしたことを示す。ルターは「心で信じることで人は義とされる」〔ローマ人への手紙 10章10節より〕と記している。

♡

メソアメリカの生贄の心臓を描いた初期の図では、太陽神に捧げられる心臓は心尖部が上に向くように〔現代のハート型を逆さまにした向きで〕描写されていた。ナワト語〔ナワトル語に似る〕を話すピピルの人びとが700年頃から1200年頃に建てた石碑に見られる形だ。それよりも後の時代のメソアメリカにおける描写では、心臓は心尖部が下に、膨らみやひだのある部分が上になっており〔現代のハート型と同じ向き〕、その様子は心臓を抱えた男性の姿をかたどった1500年頃のオルメカの石像に見られる(図13・9)。メソアメリカの美術におけるこの心臓の向きの変化が、ヨーロッパでの同様の変化と同時期に起こっていたのは偶然だろうか。

♡

愛と女性たちを司るハイチのロア（精霊、女神）、エルズリー・フレーダ〔エジリ・フレーダとも〕の神話の歴史は、実に16世紀の西アフリカにまでさかのぼる。強制的に奴隷とされ、三角貿易の中間航路（ミドル・パッセージ）でハイチに連れてこられたアフリカの人びとにとって、エルズ

図 13.9 心臓を抱えた男性の形をした蓋つき容器

〔メキシコ〕プエブラ州ラス・ボカスのオルメカ文明の遺跡より．（出典：*The Olmec World*, p. 327. Photograph by Justin Kerr, The Pre-Columbian Portfolio / Public Domain）

リー・フレーダは女性たちの守護者となった。ハイチのヴォドゥ信仰およびニューオーリンズのヴードゥー信仰においておそらく最も人気のあるロアであるエルズリー・フレーダのシンボルは心臓、もしくは剣で貫かれた心臓である。エルズリー・フレーダはハイチの芸術家たちに人気のあった題材で、しばしば、胸元に心臓があったり、心臓越しに胸に剣を突き立てられたりした聖母マリアの姿で描かれた。彼女のヴェヴェ（信仰上のシンボル）である心臓は、しばしば剣に貫かれた形で描かれ、現代でもヴォドゥ信仰の儀式で用いられる。

♡

象徴的、解剖学的な心臓の図は、今もあらゆる文化の美術作品のなかに見いだされる。現代アーティストたちによってアートにおける心臓（ハート）の人気は維持されてきた。フリーダ・カーロは自作「二人のフリーダ」（1939年）に解剖学的な心臓を用い、彼女が夫のディエゴ・リベラから離婚された後の、破れた心と健やかな心をもつ2つの人格の象徴とした（図13・10）。アンリ・マティスの絵画「イカロス」（1947年）で、心臓は生命と情熱を象徴する。ギリシャ神話の登場人物イカロスは、蝋で羽根を固めた翼を使って空を飛ぶが、太陽の近くまで飛びすぎて翼が溶けてしまう。マティスが「情熱的な心を抱えて星空から落ちてきた」と書いたイカロスの姿は、星ぼしに包まれて青い空から落ちてくる黒い人影として描かれており、その胸のなかで

図13.10 フリーダ・カーロ作「二人のフリーダ」(1939年)

メキシコシティの国立近代美術館.(出典:Schalkwijk / Art Resource, New York. / Museo Nacional de Arte Moderno / Public Domain)

図 13.11 アンリ・マティス作「イカロス」

（出典：Wikimedia Commous / Public Domain）

図 13.12 バンクシーの「風船と少女」

イギリスのブリストル在住の Dominic Robinson が公開した画像.（出典：Wikimedia Commons / Public Domain）

鮮やかな赤の楕円が光を放つ（図13・11）。

「風船と少女」は、グラフィティアーティストのバンクシーによるステンシル技法の壁画群で、初めて出現したのは2002年のロンドンでのことだ。壁画は、風に運ばれていく赤いハート型の風船に手を伸ばす幼い少女の姿をかたどっている（図13・12）。少女が握っていた風船から手を離してしまい、風船が失われた希望の象徴として飛んでいってしまうところなのか、それとも、少女があえて風船を飛ばして、希望と愛を世界にもたらしているところなのかは不明である。

現代アートには心臓のモチーフが浸透している。象徴としてのハート型と、解剖学的な心臓図のいずれもだ。解剖学的な線描画を別としたら、たとえばあなたは絵筆で描かれた脳の絵画を1つでも思いだせるだろうか？

心臓を象徴するしるしが、今日の私たちが認識するあの鮮やかな赤の、2つの丸い縁取りのついた、左右対称の表意記号となった経緯については数かずの説がある。現代におけるハート型はピクトグラムだ——解剖学的に正確な描写というよりも、むしろ抽象化されたしるしである。幾何学の用語では、〔r＝a（1＋cosθ）の式で表される〕ハート型がカーディオイド曲線（cardioid：心臓形）とよばれるが、これは自然界によく見られる形である。現在では絶滅しており、紀元前6世紀の古代ギリシャ人、古代ローマ人たちには避妊薬として使われたシルフィウムという植物の果実がハート型の由来だったかもしれない。あるいは、古代ギリシャ美術にしばしば見られ、恋愛と結びつけられていたツタの葉がひょっとするとそうであったのかもしれない。また、女性の乳房、尻、あるいは開いた外陰部の象徴ということもありえるだろう。ほかに、白鳥が首を使って求愛儀式を行う姿ではないかと示唆した説もある。

　こうして数かずの説はあれど、ハート型の由来は解剖学的な心臓の形を大雑把に描写したというごく単純なものかもしれない。カトリック教会が中世の芸術家たちに解剖の実施を禁じたために、私たちが今日知る心臓のしるしはアリストテレスとガレノスによる古い描写に基づいているのかもしれない。彼らは心臓を、基部〔現代のハート型でいう上部〕の中央に窪みをもつ、3つの空洞を擁した器官として記述したのだった。それよりもさらに古い、エジプトのアヌビス神の審判で秤にかけられる心臓（紀元前2500年頃）（図1・2）や、メソアメリカのオルメカ文化の男性の像が抱える心臓（紀元前1500年頃）（図13・9）の描写のほうが解剖学的にはより正確だ。*3 これらの古代人たちは遺体を保存する際や生贄が犠牲となる際に人間の心臓の実物を目にしていた。こうしたより正確な心臓図は19世紀から20世紀にかけての時代になるまで発見されず、中世の芸術家たちの目に触れることはなかった。それでも、レオナルド・ダ・ヴィンチの描いた心臓の解剖図と、今では愛のしるしとして知られるようになったハートの表意記号を比べてみれば、今日私たちが目にするハート型もさほど実態から離れたものではないのかもしれないと思える（図13・13）。

♡

グラフィックデザイナーのミルトン・グレイザーは、1977年にニューヨーク州の観光促進のために有名な「I ♡ NY〔I Love New York〕」のロゴをつくりだし、ハートの表意記号は初めて動詞〔love〕となった。今では♡はあらゆる人、場所、物が好きだと表すときに使うことができる――「I ♡ your ♡〔I love your heart：あなたの心を愛している〕」のように。〔アメリカの〕道路であなたの前を走る車のバンパーに、「Honk if you ♡ Jesus〔あなたがイエス・キリストを愛しているならクラクションを鳴らして〕」や「Virginia is for lo♡ers〔ヴァージニア州は恋人たちのために〕」といったステッカー

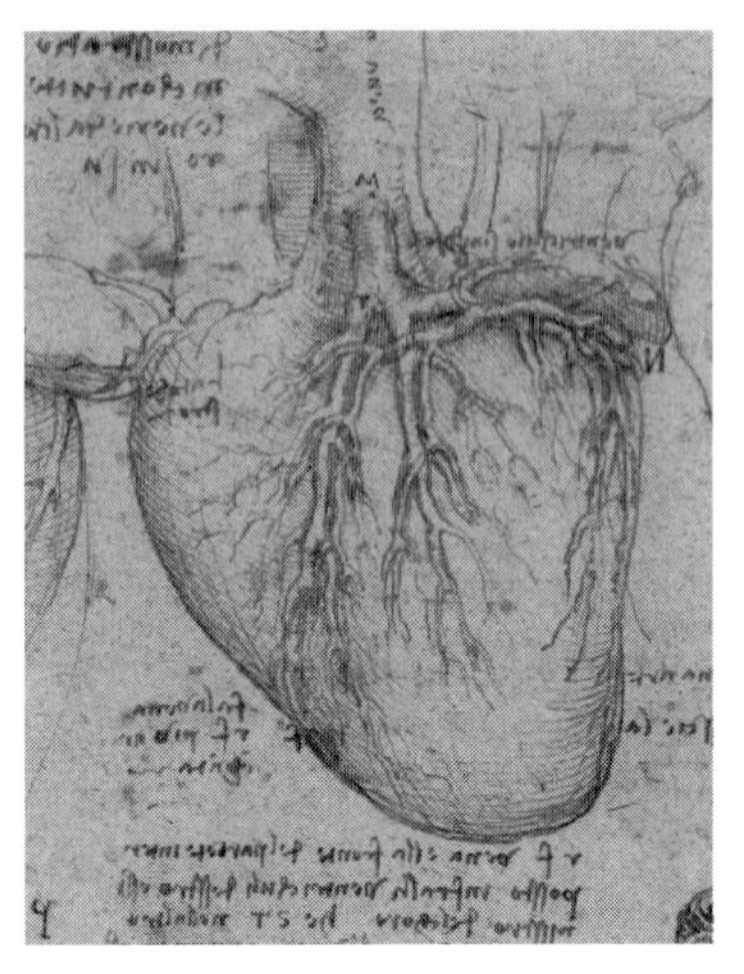

図 13.13 ダ・ヴィンチの心臓図〔左〕と，愛を表すハート型〔右〕

心臓の素描と注釈はレオナルド・ダ・ヴィンチによるもの．（出典：© Royal Collection Enterprises Limited 2025 | Royal Collection Trust / detail images）

が貼ってあったり、ゆっくり運転するドライバーの車には「I ♡ my corgi〔うちのコーギーを愛しています〕」のステッカーが貼ってあったりするのを思い浮かべてほしい。

日本の通信事業者、NTTドコモは、1995年に当時の人気商品だったポケットベル（ポケベル）用に初めて絵文字サービスを開始した。この最初の絵文字がハート型だった。1999年までに色つきの文字が考案・展開され、そこには5種類の異なるハートも含まれていた。手元の携帯電話に今やどれほど多くのハートつき絵文字があるか見てみてほしい。脳の絵文字もあるが、「I 🧠 NY」や「I 🧠 your 🧠」では話が通じない。

「Twitter〔現：X〕は2015年に次のようなツイートを行い、♡の意味と使い方を拡大させた。「ハート一つでたくさんのことをいえる。Twitterで気持ちを表現する新しい方法を紹介します」。同社は〔「いいね」や「お気に入り」の印として導入したハートの説明として〕こう書いた。「♡＝イエス！　♡＝おめでとう！　♡＝ウケる　♡＝かわいい　♡＝強く生きて　♡＝すごい　♡＝ハグ　♡＝歓喜　♡＝ハイタッチ」。

ハートのしるしはアートとソーシャルメディアに今も浸透している。これまでにハート型のもつ意味は増えてきた。たとえば、コンピューターゲームでは〔キャラクターの〕「健康度」や「ライフ〔残りの体力や残機数〕」のしるしとして使われるようになっている。魂と愛の座としての心臓という幻想は廃れたにもかかわらず、ハート型は今も恋愛、家族愛、神の愛の象徴として生き残っている。バイクに乗った大男の腕にはハート型のタトゥーがあり、そのハートの上には斜めに「MOM〔ママ〕」と書かれている。コーヒーショップに入った若い女の子は、バリスタが丁寧に淹れたラテの泡にハート型を潜ませていたらドキドキしないだろうか？

第14章　文学のなかの心臓

芸術において、手は心が想像できる以上のことは何一つ実現できない。

ラルフ・ワルドー・エマーソン

〔ヨーロッパの〕美術において心臓の図が中世の間に現れたのとまさに同じく、文学において象徴としての心臓が用いられるようになったのもまた中世のことだった。[*1] ダンテ・アリギエーリは自伝的作品『新生』（1294年）のなかで、〔彼が恋心を抱きながらも早逝し、『神曲』にも描いた〕ベアトリーチェへの愛のことを書いた。「我が心臓の内に眠れる愛の魂を感じに満ちたわが愛が来るのを見たそのとき　ちょうど気づいたのだ」。ダンテはベアトリーチェが自らの心臓を食べる夢を見ていく。

ジョヴァンニ・ボッカッチョの物語詩『愛の幻』（1342年）では、本としての心臓の主題――心臓の壁は言葉が記される場である――が、神からの言葉を収めた本から、愛する人からの言葉を収めた本へと移行する。

私はそこに立ち　見ていたようだ
この気高き女性が私のもとにやって来て
私の胸を開き　書き込むのを
苦しむ立場に置かれた　私の心臓の内側に
彼女の美しき名前を　金の文字で
決してそこから離れないようにと

100の物語を集めたボッカッチョの『デカメロン』（1350年）〔ペストの蔓延したフィレンツェで、10人の登場人物が10日間にわたって物語を披露しあう〕では、2つの話が心臓を真の愛のしるしとして描いている――ひょっとすると鮮明すぎるかたちで。

『デカメロン』第4日の第1話で語られるのは、サレルノ公タンクレディが娘のギスモンダに近親相姦的な愛情で惹かれてしまう話だ。嫉妬心から彼は娘の恋人グイスカルドを殺害し、その心臓を黄金の盃に入れて娘のもとに送る。ギスモンダは愛する人の心臓を口元に運び、接吻する。「あの人の魂が今もあなた〔心臓〕のなかにあって、あの人と私が幸せを知った場所を見つめていると、私にはわかります」。彼女は召使たちに、父からのこの上ない贈り物への感謝を伝える。

そして、自らの涙と毒とを盃に注ぐと、それを飲み干す。「おお、愛しい心臓よ、私があなたにすべきことは皆やり終えました。残るのはただ一つ、あなたがこれほど大きな犠牲を払って抱えてきたその魂と、私の魂が結ばれるようにすることだけです」。彼女はそういって、愛する人の心臓を抱えて寝床へと這っていき、死を待つのだった。

同じく第4日の第9話では、騎士のギヨーム・ド・ルシヨンが妻の愛人を殺す。相手はルシヨンの友人であり、同じく騎士だった。ルシヨンは相手の心臓を切り取り、料理番のもとへ届けさせ、この「猪の心臓」を使った特別料理をこしらえるよう命じる。調理された心臓が食卓にだされるが、ルシヨンは食欲が湧かない。彼は夫人にこの特別な一品を与え、妻はその美味を余すところなく平らげる。ルシヨンは尋ねる。「マダム、このお料理はお気に召しましたか」。なぜ？もちろんとても気に入りました、と妻は答える。するとルシヨンは、自分がこの手で妻の愛人の心臓を切り取ったのだと明かす。夫人は吐き気を起こして嘔吐するのではなく、自分はこの上ない世界最高のものをもう食べてしまったのだから、今後もう一切の食べ物を味わうことはしまいと宣言する。そして、彼女は窓から飛びだして死を迎えるのだった。

シェイクスピアは、詩歌のなかで象徴としての心臓について有名な言葉を綴っている。『ソネット集』第141歌（1609年）に彼はこう書いている。

だが、我が5つの知性も5つの感覚も

1つの愚かな心臓〔心〕がお前に尽くすのを思いとどまらせることはできない
お前が去った後に残されるのは　見かけは動じぬ1人の姿
お前の高慢な心の奴隷、哀れなしもべになりゆく者の

『から騒ぎ』（1623年）では、ベネディックがベアトリスを愛していることを口にだしてしまった後、ベアトリスがついにこう認める。「あまりに心〔心臓〕を尽くしてあなたを愛しているから、いい張ることとなんて何も残っていないわ」。

そして『リア王』（1606年）では、あまりに高慢なリア王が3人の娘たちに王国の領地を分け与える上で、自分への愛を表明するように求める。父を欺こうとする姉たちとは違い、末娘のコーディリア(Cordelia：「cor」は心臓を意味する)は父への愛を表現することができない。「自分の心臓〔心〕を口に迫り上げてくることなどできません」。彼女は父への愛がいかに大きいかい表せない。そのことを理解しなかったリア王は、怒りのなかでコーディリアを相続者から外す——そこにシェイクスピア的な悲劇が起こる。

神へつながる道筋としての心臓は、サー・アーサー・コナン・ドイルが1895年に著した小説『スターク・マンローからの手紙』に登場する。スターク・マンロー医師は高教会派の教会区副牧師との議論のなかでこう述べる。「私は自分自身の帽子の下に自分自身の教会をもち歩いている、そう私はいった。煉瓦と漆喰〔教会の建物〕が天国への階段をつくるのではない。あなたの

主について、私は人間の心臓〔心〕こそが最高の礼拝堂であると信じる」。

世界から1人の吸血鬼を取り除く最も確実な方法は、ブラム・ストーカー作『ドラキュラ』（1897年）に見つけることができる。エイブラハム・ヴァン・ヘルシング教授はジョン・スワード医師に手紙を書き、スワード医師がしなければならないことをこう伝える。「これと一緒にある書類（ハーカーとほかの者たちの日記だ）を取り、それらを読み、そして、このおいなるアンデッド〔UnDead：死にきれていない者、死んだはずなのにまだ動いている者〕を探しだし、彼の頭部を切り落とすとともに、彼の心臓を燃やすか杭を打ち込むかしなさい。世界が彼から解放されるように」。

文芸において、心臓はこうして長らく恋愛や親愛、神の愛を表す手段、私たちのなかにある良きものを表現する媒体として使われ続けてきた。ではここで、近現代の文学に見られる近頃の例もいくつか紹介しよう。ジェイムズ・ジョイスの小説『若き芸術家の肖像』（1916年）では、主人公のスティーヴンがティーンエイジャーの頃に心臓の欲求を初めて体感する。「彼女の動きに接して彼の心臓は躍った、潮の流れに乗せられたコルクのように」。ミラン・クンデラ作『存在の耐えられない軽さ』（1984年）に登場するサビナは、アメリカの上院議員が遊び回る子供たちを見守る様子を眺めながらこう考える。「心臓〔心〕が語るとき、理性はそれに抵抗するのはそぐわないと気づくのだ」。彼女は論理を放棄し、私たちの心のなかの感覚が語ることは、思考が伝えてくることよりも真実なのだといっている。

コーマック・マッカーシー作『ザ・ロード』（2006年）〔『ザ・ロード』黒原敏行訳、早川書房、2010年〕に登場する父親は、自分の心に感情がなく空っぽであればいいのにと願い、自分を自身の人間性から切り離そうと試みながら、こう考える。「いっそ私の心が石であったなら」。ディーリア・オーウェンズ〔ディーリア・オーエンズとも〕作『ザリガニの鳴くところ』（2018年）〔『ザリガニの鳴くところ』友廣純訳、早川書房、2020年〕では、母親に置き去りにされてから数か月後、寂しさと喪失によるカイアの心の痛みは鈍りはじめる。「そのうちに、いつしか心の痛みは砂に滲み込む水のように薄れていった。消えはしなくても、深いところに沈んでいったのだ」。マイケル・オンダーチェ作『イギリス人の患者』（1992年）〔『イギリス人の患者』土屋政雄訳、新潮社、1999年、東京創元社、2024年〕では、キャサリンがアルマシーにずっとあなたを愛していたと告げると、アルマシーは自分の心の苦悩を打ち明ける。彼は瀕死の傷を負ったキャサリンを置いて洞窟をでなければならないが、彼女の体のもとへ戻ってくると約束する。「毎晩、私は自分の心〔心臓〕を切りとった。だが朝になると、また心はいっぱいになっていた」。

第15章　音楽のなかの心臓

音楽は魔法の鍵のように、この上なく堅く閉じられた心をも開く。
マリア・アウグスタ・フォン・トラップ

暗黒時代のグレゴリオ聖歌と聖書劇の後、ルネサンスの時代には心臓が音楽におけるなじみの主題となった。愛や失恋の歌は14世紀、15世紀に人気があった。ボード・コルディエ（Baude Cordier：「cor」は心臓を意味する）は、愛についてのロンドー（rondeaux：リフレインを用いる押韻詩、それに基づく音楽）を作曲したフランス人作曲家、ボード・フレネル（1380年～1440年頃）の筆名だ。コルディエのロンドー「Belle, Bonne, Sage〔美しく、気立てよく、賢い人よ〕」の楽譜はハート型に書かれた。コルディエは楽譜をハートの形にしただけでなく、歌詞のなかの「心」に当たる語を小さなハートの絵に置き換えている（図15・1）。その歌詞はこうだ。

図15.1『シャンティー写本』より，ボード・コルディエ作「Belle, Bonne, Sage〔美しく、気立てよく、賢い人よ〕」の楽譜

（出典：Wikimedia Commons / Public Domain）

美しく、気立てよく、賢く、高貴で、気高き人よ
年を新たにするこの日
私はあなたに新しい歌の贈り物をつくる
私の心のなかで、あなたへと捧げる心のなかで

イタリアで人気となった1601年のあるマドリガーレ〔madrigale：自由詩による歌曲。ルネサンス・マドリガーレ〕は、婉曲な物いいなどしなかった。ジュリオ・カッチーニ作曲「Amarilli mia bella〔麗しのアマリッリ〕」〔ジョヴァンニ・バッティスタ・グァリーニ作詞〕の歌詞では、語り手が恋人に対し、自分の心臓から〔クピードーの〕矢を引き抜き、恋の傷を癒すよう求めている〔文学研究者Paul Brians博士による解釈の引用。実際の歌詞では、自分の愛を疑う恋人に対し、矢を引き抜いて心臓を切り開けば、内側に記されている愛の言葉を確かめられると伝えている〕。

1759年の「Heart of Oak〔オークの心〕」という曲〔ウィリアム・ボイス作曲〕は、イギリスの俳優デイヴィッド・ギャリックが作詞したものだ。ギャリックはシェイクスピアの劇「リチャード三世」に出演していた際、演技に夢中になって骨折の痛みに気づかなかったことがあり、これが舞台にでる人に験担ぎとしてかけられる言葉「Break a leg〔直訳すると「脚を折れ」〕」の由来だともいわれる。「オークの心」は後にイギリス王立海軍の公式行進曲にもなった。オークの心とは、オークの木の中心部からとれる最も丈夫な木材――心材（heartwood）――のことを指す。リフレ

インの歌詞は次のようになっている。

オークの心は我らが船、オークの心は我らが兵
我らつねに備えあり、宜候(ようそろ)、若人よ、宜候(ようそろ)!
我ら戦いて征服せん、幾度でも

アメリカ音楽のなかでも特に重要な形式の一つ、霊歌は、南北戦争前のアメリカ南部でアフリカ人奴隷たちによってつくりだされた宗教的な民謡だ。「霊歌(spirituals)」という用語は、ジェイムズ王欽定訳聖書のエペソ人への手紙 5章19節から来ている。「詩と賛美歌と霊の歌によってあなたがた自身に語りかけ、心のなかで主に向けて歌い旋律をつくるのである」。1800年代初頭につくられた最も有名な霊歌の一つは「Deep Down in My Heart〔私の心の奥深くで〕」で、その歌詞は「主よ、私が皆を愛していることを知っているでしょう/心の奥深くど」と、神に従って生きることを歌う。

象徴としての心臓は、その後もポピュラー音楽に浸透した比喩のままであり続けている。「heart」を含む現代の歌のタイトルの例には、コニー・フランシス「My Heart Has A Mind Of Its Own」〔邦題:「私の心」〕、トニー・ベネット「I Left My Heart in San Francisco」〔邦題:「霧のサンフランシスコ」「想い出のサンフランシスコ」〕、ザ・ビートルズの「Sgt. Pepper's Lonely Hearts

Club Band（サージェント・ペパーズ・ロンリー・ハーツ・クラブ・バンド）」、トニー・ブラクストンの「Un-Break My Heart（アンブレイク・マイ・ハート）」、ボニー・タイラーの「Total Eclipse of the Heart」〔邦題：「愛のかげり」〕、エルトン・ジョンとキキ・ディーの「Don't Go Breaking My Heart」〔邦題：「恋のデュエット」〕、シャーデーの「Somebody Already Broke My Heart」、そして、スティーヴィー・ニックスがトム・ペティ&ザ・ハートブレイカーズと共演した「Stop Draggin' My Heart Around」〔邦題：「嘆きの天使」〕などがある。

ヒット曲の数かずのなかで、心臓がいかに歌われているかを思いだしてほしい。イギリスのロックバンド、ザ・トロッグス、そして後にジミ・ヘンドリックスも熱唱した「Wild Thing」〔邦題：「恋はワイルド・シング」〕。原曲はアメリカのバンド「ザ・ワイルド・ワンズ」のためにチップ・テイラーが製作〕では、「wild thing〔荒あらしいもの〕」が心臓を歌わせ、あらゆるものをグルーヴィーにするさまが激しく叫ばれた。またザ・ローリング・ストーンズの「Dear Doctor（ディア・ドクター）」では、かつて心臓のあった場所に痛みがあるさまをミック・ジャガーが嘆いた。そして忘れてはいけないのが、「Your Cheatin' Heart」〔邦題：「偽りの心」〕のハンク・ウィリアムズ、「I Cross My Heart（アイ・クロス・マイ・ハート）」のジョージ・ストレイト、「Achy Breaky Heart（エイキィ・ブレイキィ・ハート）」のビリー・レイ・サイラスなど、カントリーソングの大家たちの存在だ。

ルネサンス期に始まり、トム・ペティ&ザ・ハートブレイカーズから現代の楽曲に至るまで、心臓は音楽のなかで恋愛や愛情、強さ、傷心の象徴として使われ続けてきた。「heart」はポップソングで最も頻繁に使われる英単語の第10位（「I」「the」「you」といったごく一般的な語を除く）、カントリー音楽では第4位、そしてジャズでは第6位だという。[*1]

第16章　心臓にまつわる儀式

私からあなたへの愛をすべて運ぶには、１００個の心臓でも少なすぎるだろう。

著者不明

バレンタインデーほど心臓（ハート）と深く結びついた伝統行事はほかにないだろう。キリスト教の聖職者であったローマのウァレンティヌスが、皇帝クラウディウス〔2世〕による禁止令に反してキリスト教式の結婚式をとり行い、紀元２６９年2月14日にローマ人たちによって処刑されて殉教者になったとされる。紀元5世紀になり、このウァレンティヌスを記念するため、教皇ゲラシウス1世が2月14日を聖バレンチノ（聖ヴァレンタイン）の日とした。この祝日がやがて恋愛の記念日と結びつけられ、恋人たちの日となった。

ジェフリー・チョーサーの詩「The Parliament of Fowls」〔邦題：「鳥の会議」「百鳥の集い」など〕（１３８1年）は、聖ヴァレンタインの日が恋人たちの日であるという考えに初めて言及した文献かもしれない。

というのも、この日は聖ヴァレンタインの日であったから
あらゆる鳥が相方を見つくろいに来る日なのだ
そう、人間が知る限りのあらゆる種の鳥たちだ
そうしてやって来た鳥たちの群れはあまりに巨大で
地面も、海も、木も、どの湖も満ち満ちて
私の立つ場所はほとんどなかった
すべての場所がいっぱいだった

オルレアン公シャルル（シャルル・ドルレアン）は、1415年に妻のボンヌ・ダルマニャック（まだ10代だった）に手紙を送っており、これが知られているなかで歴史上初めてのバレンタインカードであったかもしれない。「私はすでに恋の病に侵されている、いとも優しいわがヴァレンタインよ」。当時のシャルルはアジャンクールの戦いで捕虜となった後、ロンドン塔に囚われていた。不幸にも、シャルルは25年以上も幽閉され続け、彼の解放前にボンヌは死んでしまった。それでも、バレンタインデーに手紙を送る行為はだんだんと一般的な慣習となり、カップルが手書きのメッセージや愛のしるしとなる贈り物を交換するようになっていった。

17世紀に入ると、イングランドでバレンタインデーを祝うのはその儀式にかかる費用を賄える人びとに限られた。バレンタインデーになると、裕福な男性たちが女性の名前が書かれたくじを引き、そこに記された相手に贈り物をすることになっていた。イングランド、フランス、アメリカの最初期のバレンタインカードは、1枚の紙にほんの数行の詩文を手書きしただけのものと大差ない、簡素なものだった。しかし時と共に、書き手たちはペンや絵筆でカードを飾り立てるようになり、そこにはしばしば象徴としての心臓（ハート）の絵が含まれた。カードは折りたたまれ、封蝋で閉じられ、宛先となった人の玄関先に置かれた。

1818年に書かれたあるバレンタインカードには、次のようなことが書かれていた。「今年もバレンタインデーの再来を迎え、喜びとともに己が希望の実現せしめられるときを、そしてヒュメーン［ギリシャ神話の愛の神］の祭壇で彼が――少しつき合った後で静まる、荒あらしい恋愛ではなく――時とともに減るのではなくむしろ増す愛情を感じる彼女の心を伴った手を受け取ることとなるときを待ち望む彼より」（図16・1）。

18世紀の終わりまでに、イングランドには初めての市販のバレンタインカードが登場した。それらは印刷、刻印、あるいは版画によってつくられ、時に手作業で彩色されることもあった。伝統的な愛のシンボル――ハート、キューピッド、花――と、簡単な韻文が組み合わせられた。たとえば……

図16.1　1818年に書かれたバレンタインカード

（出典：Hansons Auctioneersの好意により掲載）

Roses are red
Violets are blue
The first time I saw you
My heart knew
〔薔薇(バラ)は赤く　菫(スミレ)は青い　初めてあなたを見たとき　私の心は知っていた〕

あるいは……

Roses are red
Violets are white
You are my world
My heart's delight
〔薔薇(バラ)は赤く　菫(スミレ)は白い　あなたは私の世界のすべて　私の心の喜び〕

１８４０年代と〔第二次〕産業革命を迎えるまでに、英米では大量生産のバレンタインカードが手づくりのカードの座をほとんど奪ってしまった。１８４０年に大英帝国でペニー郵便制〔全国一律料金での郵便制度〕が、そして１８４７年にアメリカ合衆国で最初の郵便切手が導入されると、一般庶民にも手の届く費用でバレンタインカードが送れるようになった。ハートの形の箱に入ったチョコレートの詰め合わせは、リチャード・キャドバリーによって1861年に初めて広められた。ホールマーク〔グリーティングカードと包装紙のメーカー〕は1913年にバレンタインカードの製造をはじめた。2019年、人びとはバレンタインデーのために207億ドルを使った。そのうち10億ドルがバレンタインカードに費やされ、ハート型の箱に入ったチョコレートは3600万箱贈られた。

♡

考古学者たちは4800年前の古代エジプトのヒエログリフに花嫁の結婚指輪の原型を見つけている。スゲ、イグサ、あるいはアシ（ヨシ）でつくられたそれらの輪は、永遠の象徴だった。マクロビウスは、ローマ文化を讃える人著『サトゥルナリア』（紀元400年頃）に、あるエジプト人神官から薬指に婚約指輪または結婚指輪をはめる慣わしについて教えられたと記している。「この〔心臓と左手の薬指を結ぶとされる〕神経があるゆえに、新たに婚約した者は配偶者のこの指〔左手の薬指〕に輪をはめる。まるで心臓の代理であるかのように」。[*1]

一説によると、心臓と左手の薬指の間に接続があると考えられた理由は、エジプトの医師たちが「心臓に」痛みのある患者たちを診察すると、胸から始まった痛みが左腕に移っていき、薬指と小指へと達していたためだという。この経過を見てきた医師たちが、心臓と左手の薬指はつながっているはずだと結論づけた。この古代の観察結果は、典型的な狭心症を正確に描写している。心臓の筋肉が酸素を得られなくなると、胸骨〔両胸の間にある縦長の板状の骨〕の奥に圧迫感や重さが感じられ、その感覚が左の前腕へと（尺骨神経に沿って）下っていき、左手の小指、および薬指の外側〔小指側〕半分へと達する。これは心臓が胸の左寄りにあるためで、その結果、心臓に端を発した痛みが左側の頸神経根へと広がっていくのである。頸神経根は体の左上部全体の痛みを感じ取る。心臓と左手の薬指のつながりを考えた古代の推測は実に正しかったのだ。結婚指輪が左手の薬指にはめられたのは、そこから伸びる神経または血管が心臓に直接つながっていると信じられていたからだ。古代ローマ人たちはそれを「vena amoris（愛の血管）」とよんだ。

キリスト教徒たちが結婚式で指輪を使いはじめたのは、ヨーロッパの暗黒時代の最中の紀元860年頃だ。当時のその婚礼では、聖職者が指輪を手に取り、花嫁の親指、人差し指、中指の3本に順に触れさせて三位一体を象徴してから、第4指の薬指に指輪をはめて結婚のしるしとした。

このように、花嫁が結婚指輪を着ける習慣は古代エジプトにまでさかのぼるが、花婿も同じことをするようになったのは20世紀も後半になってからだ。変化のきっかけになったのは第二次世界大戦である。海を越えて戦闘に参加した多くの兵士たちが、故郷の妻や家族を思いだす心の慰めとして、結婚指輪をつけることを選んだのだ。

アメリカが大英帝国からの独立を目指した独立戦争で、1782年、大陸軍の司令官であったジョージ・ワシントンは少数の兵士に対し「賞賛に値する行動」を称えて初めてのパープル・ハート章を授与した。[*2] 紫色は勇気と勇敢さを象徴したものだった。その授与と儀式は2世紀にわたって行われなくなっていたが、1932年のジョージ・ワシントン生誕200年の記念日にダグラス・マッカーサー元帥が復活させた。今日までに、アメリカ軍の武官組織〔海軍、陸軍、空軍など〕で所轄機関の軍務中に負傷または死亡したあらゆる地位の全構成員に対し、アメリカ合衆国大統領の名で200万近くのパープル・ハート章が授与されている。ジョン・F・ケネディはパープル・ハート章を授与された唯一のアメリカ合衆国大統領だ。第二次世界大戦中、彼の指揮していた巡視艇が日本軍の駆逐艦によって真っ二つに破壊され、重傷を負ったのだ。ひどい怪我をしながらも、彼はなお救助活動の指示を行い、乗組員を陸地へと辿り着かせた。彼自身は暗闇のなかを何時間も泳ぎ続け、支援と食糧を確保した。

♡

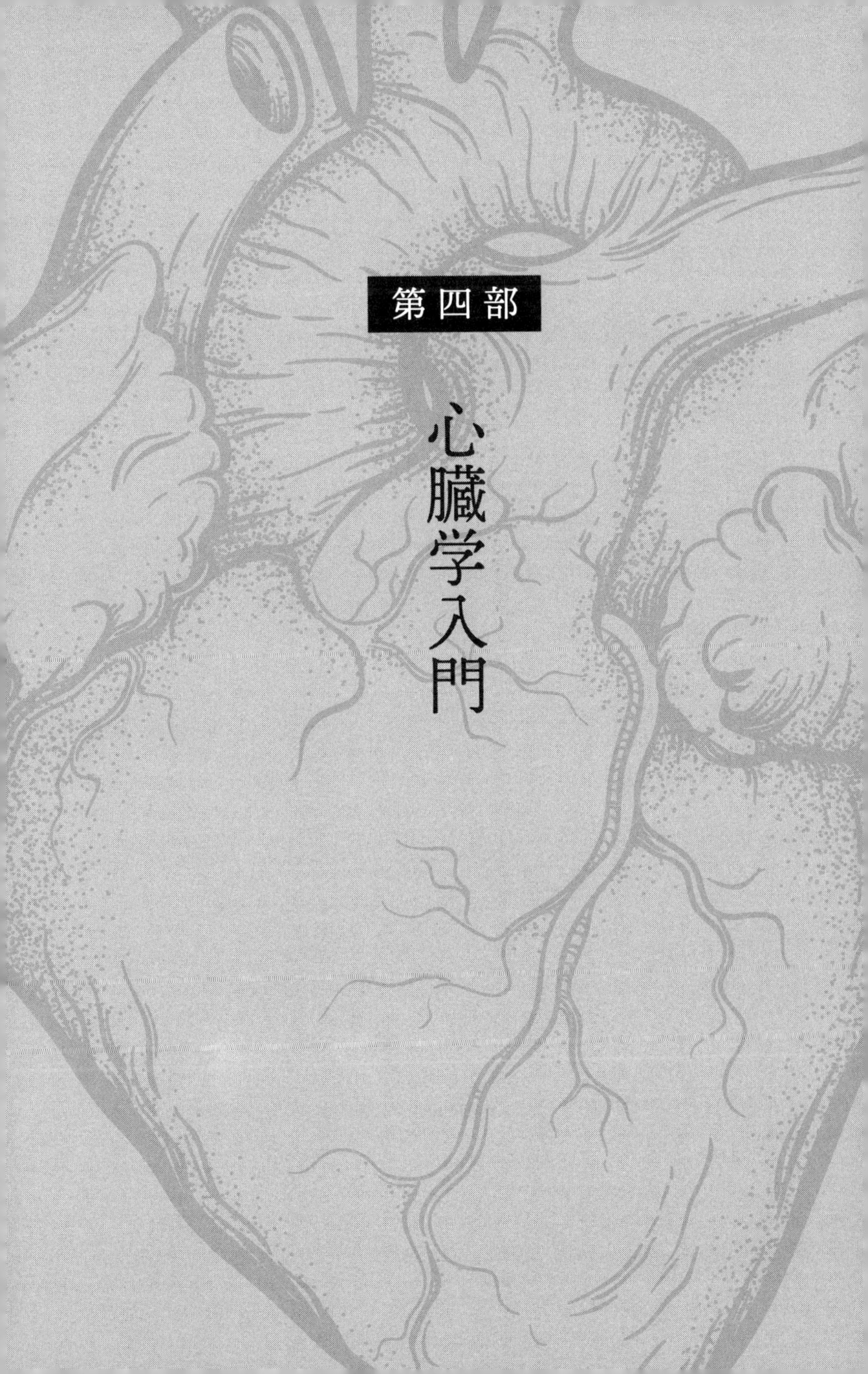

第四部

心臓学入門

第17章　身体のポンプ

わたくしはロマンティックな人間ではありません。それでも、心臓が血液を送りだす目的だけのために存在しているわけではないと認めています。

ドラマ「ダウントン・アビー」にてマギー・スミス〔先代伯爵夫人バイオレット役〕

親愛なる心臓よ、何にでもかかわってくるのはどうかやめておくれ。あなたの仕事は血液を送りだすポンプのはたらきをすること、それだけだ。

著者不明

1分間に1.5ガロン（約5.5リットル）の流体を持続的に送りだすポンプが必要な状況を想像してみてほしい。このポンプは毎日7600リットル近くの流体を動かすことになる。しかも、そのポンプを80年間、休みなしに働かせ続けなければならないとしよう。1年におよそ

277400リットル、80年で2220000000リットル超だ。送りだした流体をすべて収めるには150万個もの樽が必要となるだろう。別の見方で説明すると、この量の流体を送りだすことは、台所の流しの水を50年以上流し続けるのに相当する。

1分間に5.5リットルの流量を達成するために、あなたの使うポンプは1分間に70回から80回収縮する必要がある（毎秒1回よりも少し速いペースだ）。1時間で4500回、1日に108000回、1年に39400000回、あるいは80年間で30億回、連続してこのポンプを働かせたい。だが同時に、保守整備や修理、なかを開けての総点検などは決してしたくない。そう、完全にお手入れ不要でなければならないのだ。このポンプが動かなくなることは決してあってはならない。たとえほんの少しの間でも。ああ、それから、このポンプはあなたの握り拳よりあまり大きくあってほしくはないし、重さは1ポンド〔約454グラム〕未満であってほしい（図17・1）。

効率の面でいえば、このポンプには約5.5リットルの流体を再循環させてもらう必要がある。流体は定期的に新しいものへと変わり（周期は120日ほど）、張り巡らされた管の回路を通じて毎分循環を続ける。ポンプに取りつけられたこの配管系統は、流体を一巡させてポンプへと戻してくれる。だが、その経路は複雑で、もしすべての管をつないで一直線に並べたら、その長さは6万マイル（およそ10万キロメートル）にもなる。地球を2周してもなお余りある距離だ。ポンプの送りだす流体は1日で1万2千マイル〔約1万9千キロメートル〕を移動することになる。米国の

図 17.1 手の平に収まった心臓

ポーランドのポズナン在住の Chris が公開した画像.（出典：Wikimedia Commons / Public Domain）

大陸部をおよそ4往復する距離だ。

しかし、配管系統の総距離がこれだけ長いものでありながら、流体はポンプから一番遠い場所への行き帰りを60秒未満で済ませなければならない。一番遠いのは足のつま先まで行って心臓へと戻る周回経路だろう――いま私が説明しているのはもちろん心臓と循環系の話であり、そこには動脈、静脈、毛細血管が含まれる。摩訶不思議な心臓は、短距離走の選手が200メートルを走り抜けるほどの時間内に、赤血球を循環系に押しだして循環させせなければならない。

心筋は安静時であっても、競技中の短距離走選手の脚の筋肉に比べて2倍も働いている。テニスボール1個を手でできるだけ強く握り締めれば、血液を送りだす心臓の1回分の拍動をまねることができる。訓練を重ねたアスリートたちは心拍出量（心臓が1分間に送りだす血液量）を7倍も高めることができる。1分間に5リットルだったものが、なんと35リットルにもなるのだ！　左心室の収縮が血液を体内の延べ10万キロメートルの血管へと送りだす力は、庭の水やり用ホースから水を上空1.5メートルまで噴出させる強さに相当する。心臓が1日で生みだすエネルギーは、自動車を20マイル〔約32キロメートル〕走らせるに足るものだ。

患者の切り開かれた胸部のなかに自分の手を入れ、その手で心臓を包み込む経験は筆舌に尽くしがたい。端的にいえば、力強く分厚い筋肉のような感触だ。血液循環を止めないよう、その心臓を繰り返しぎゅっと握り締める（開胸心臓マッサージという）。ある時点で突如、心臓が拍動をはじめ、自分の手の掌と指に当たる感触でそれを知る。最初はゆっくりと、そして次第に速さと力強さを増していく。初めてこの奇跡を経験したとき、私は畏敬の念に包まれた。心筋症に陥り傷ついたその心臓でさえ、自分の手のなかで感じる拍動はあまりに力強く思われた。そして、心臓移植の場合のように、もし心臓を体から取り除いた場合には、酸素とエネルギーをついに使い果たすまで、その心臓は最長で15分間拍動を続けることだろう。

自発的に拍動し、生命を意味するこの器官を、古代の人びとがどう見ていたかは想像するよりほかにない。彼らはもしこの心臓が生命ならば、そこにはきっと魂が収められているに違いないと推測したことだろう。

第18章　心臓の解剖学

アーティチョークにだって心〔芯〕はあるのに。
映画「アメリ・プーランの素晴らしい運命」〔邦題「アメリ」〕、アメリの言葉

誰だって心をもっているでしょう。一部の人たちを除けば。
〔映画「イヴの総て」にて〕ベティ・デイヴィス〔大女優マーゴ役〕

シロナガスクジラの心臓の重さは実に1000ポンド〔約450キログラム〕にも達する。1分間に8回から10回のペースで拍動し、拍動1回ごとに58ガロン〔200リットル超〕の血液を送りだすことができる。ヒトの心臓の場合、成人女性でおよそ半ポンド〔約230グラム〕、男性でもおよそ3分の2ポンド〔約300グラム〕の重さしかない。ヒトの心臓は拍動1回ごとに0・02ガロン〔約75ミリリットル〕の血液を送りだす。世界最小の哺乳類、コビトジャコウネズミの心臓は重さが

0・00005ポンド〔0・02グラム強〕で、1分間に最大で1511回も拍動する。興味深いことに、コビトジャコウネズミの寿命はたった1年なのに対し、シロナガスクジラは80年から110年生きる。地球上で最も小さな心臓をもつのは *Alpatus magnimius* という種だ。このハチの体長は0・01インチ〔約0・25ミリメートル〕足らずで、心臓を見るには顕微鏡が必要だ。タコやイカは3つの心臓をもつ。ヌタウナギには4つの心臓があり、ミミズには5つある。

知られているなかで最古の心臓と血管は、5億2千万年前の化石から見つかっている。*Fuxianhuia protensa* と名づけられたこの節足動物（大昔のエビだと考えてほしい）の化石は、中国南西部にある澄江（チエンジャン）の化石出土地域から見つかったもので、時代はカンブリア紀にさかのぼる。[*1] この動物の管状の心臓は背中側にあり、そこから2本ずつ対になった血管がそれぞれの体節を通って、最終的に脳や目、触角の付近に集中していた。そこで大部分の栄養と酸素が必要とされたのだろう。5億年前のこの解剖学的構造はあまりにうまくはたらいたので、今でも同じ構造が、現在最古かつ最大の門〔生物の分類階級の一つ〕である節足動物門に見られる（節足動物門は外骨格、体節、左右に伸びる関節肢をもつ生物のグループで、昆虫類やクモガタ類、多足類、甲殻類などを含む）。

魚類の心臓は2つの心腔に分かれている。爬虫類の心臓は3つの心腔に分かれている（心房2つ、心室1つ）――例外はワニで、4つの心腔がある。クモは1本のまっすぐな管が心臓代わりだが、〔同じ節足動物の仲間の〕ゴキブリの心臓には13もの心腔がある。

鳥類と哺乳類の心臓は４つの心腔に分かれている。心房2つ、心室2つだ。哺乳類であるヒトも大部分はその通りだが、稀な先天性の心奇形により、心腔が3つのみで生まれてくることもある。心房は心臓の上部にあり、肺と全身から血液を集めて受け取る。心房を指す「atrium」という英語は、エントランスホールや広場を指すラテン語から来ている。一方、心室を指す「ventricle」という英語は、ラテン語で「おなか」を表す「*ventriculus*」が由来だ。心室は心房の下に位置する筋肉質な心腔で、血液を肺と残りの全身へと押しだすポンプの役割をしている。

♡

心臓をもったペニス。

スティーヴン・ジェイ・グールド（生物学者）

〔『ニワトリの歯――進化論の新地平』上下巻、渡辺政隆／三中信宏訳、早川書房、１９８８年〕

いや、これはあなたの思い浮かべているものとは違う。不気味な姿の深海魚、チョウチンアンコウの話だ。鋭い歯の並んだ顎をもち、体に半透明の部分があり、獲物を誘き寄せる読書灯のようなランプ〔誘引突起〕が額から伸びている。チョウチンアンコウは「性的寄生」とよばれる生態をもち、独特の交配儀式を実践する。[*2] とても小さなオスがメスの体にくっついて、自らの循環系をメスのものと融合させるのだ。[*3] オスの内臓やヒレ、目、そして体のほぼ全体が退縮し、ついには2つの心腔をもつ心臓だけが残って、ペニスに血液を供給する。オスはメスの血液から栄養をもらい、メスはいつでも好きなときに精子をもらうのだ。

♡

ヒトの心臓は、実は2つのポンプでできている。右側と左側が違う仕事を担っているのだ。心臓の右側は、全身から戻ってきた酸欠状態の血液を肺へと送りだす。肺は赤血球にたっぷりと酸素を渡し、それらが心臓の左側へと流れ込む。心臓の左側は、こうして酸素に満ちた血液を全身に送りだす。心臓は拍動を続け、あなたの体の75兆個の細胞ほぼすべてに酸素いっぱいの血液を送る。血液が供給されないのは角膜だけだ。

心臓を血液が通り抜ける際の具体的な経路は次の通りだ。酸素が減り、代わりに二酸化炭素を抱えた血液は、静脈系を通じて全身から戻り、心臓の右側へと向かう（図18・1）。この脱酸素化された血液はまず右心房に入るのだが、そのときに通るのが全身で最も大きな静脈である上大静脈と下大静脈だ。続いて、三尖弁（さんせんべん）が開いたところで（心臓の弁は開閉することで血液の逆流を防ぐ）血液が吸い上げられ、右心室へと押し込まれる。右心室はその血液を肺動脈弁から肺動脈へ、さらには肺へと押しだす。そこは、毛細血管の先に3億個もの肺胞が待ち受けている場所だ。

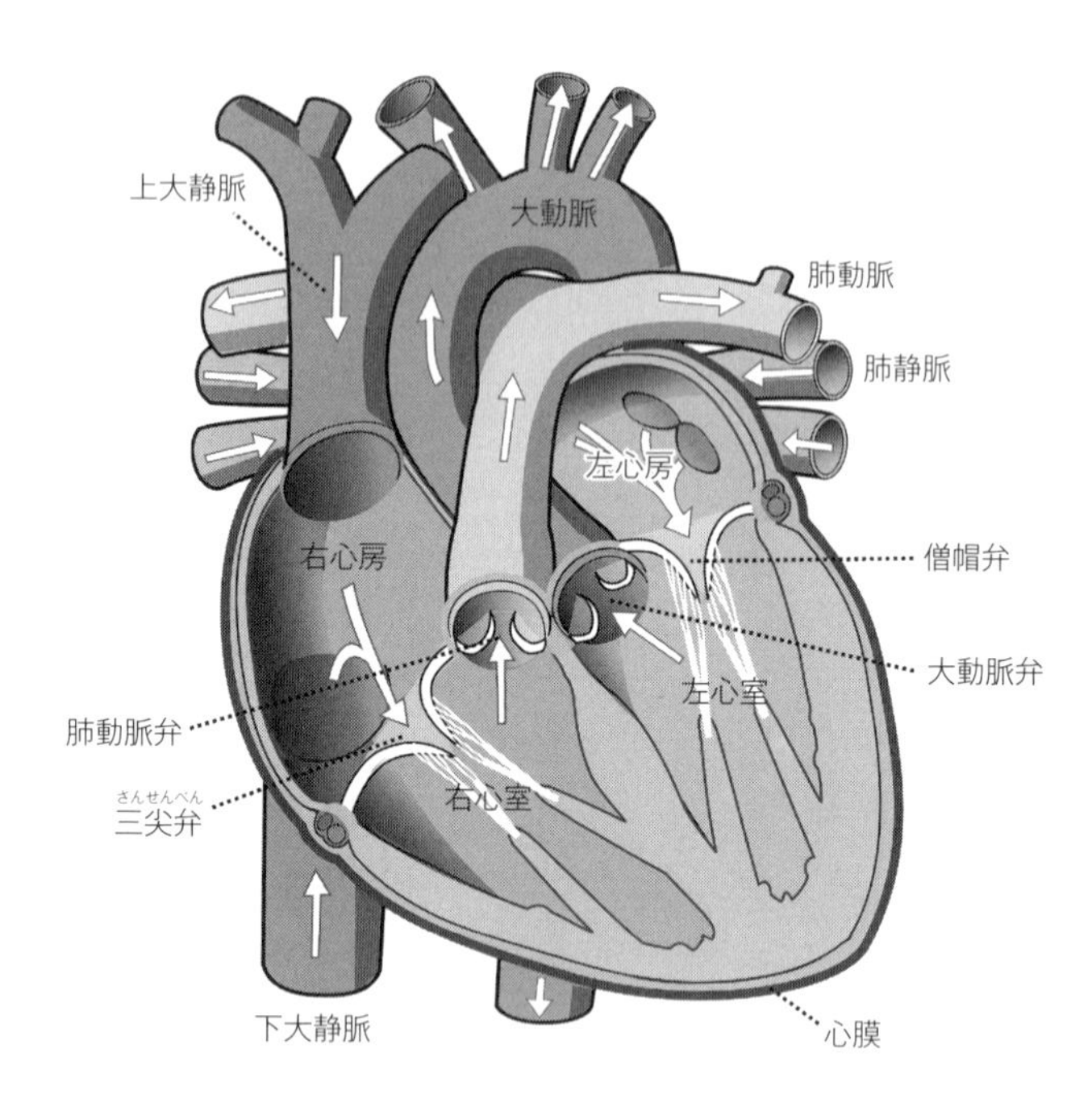

図 18.1 ヒトの心臓における経路の模式図

（出典：Wapcaplet / Wikimedia Commons / Public Domain）

血液と空気が接するこの境界で、赤血球中のタンパク質であるヘモグロビンが二酸化炭素を解き放ち、酸素を取り込む。こうして酸素を受け取った血液は肺からでて、肺静脈を通り、左心房へと流れ込む。

　さて、続いて血液は僧帽弁より吸い上げられて左心室へと送り込まれる。僧帽弁（mitral valve）という名前がついているのは、この弁がカトリックの司教がかぶる司教冠（miter）に似ているためだ。左心室が収縮すると、酸素を豊富に含む血液が大動脈弁を通って大動脈（最大の動脈で、庭の水やりホースほどの太さがある）へと押しだされ、全身へと向かう。動脈から細動脈へ、そしてついには6億本もの毛細血管のなかへ――その太さは髪の毛の10分の1、たった1個ずつの血球がかろうじて通り抜けられる幅しかない。さまざまな器官と組織に酸素を届けた後、酸素を手放した血液は細静脈、静脈、上大静脈と下大静脈を通り、右心房へと戻ってくる。これが1日に108000回繰り返されるのだ。

第19章　鼓動

エドガー・アラン・ポーの短編『The Tell-Tale Heart〔告げ口心臓〕』（1843年）はこう終わる。「『悪党どもめ！』。私は金切り声を上げた。『これ以上しらばくれるんじゃない！　私は自分の行いを認める！——床板を剥ぎ取るんだ！　ここだ、ここ！——これこそがあいつのぞっとする心臓の鼓動だ！』」

狂人である語り手は、1人の老人を殺し、その体をばらばらにした。（ばらばらにされた死体を覆う床板の上の椅子に）座って警察と話をしていたところ、この殺人者は老人の心臓が鼓動をはじめるのを耳にする。最初は「低く、鈍い、素早い音——まるで綿に包まれた懐中時計が立てるような音」だったが、拍動する心臓の音はやがて大きく、うるさくなり、ついに耐えられなくなった殺人者が犯罪を告白するまでになる。その心音は語り手の罪の意識の象徴だろうか？　聞こえていたのは、実は語り手自身の心臓の音だろうか？

ポーが「綿に包まれた懐中時計が立てるような音」とたとえた心音は、英語では多くの人に

「thump-thump（サンプ・サンプ／タンプ・タンプ）」や「lub-DUP（ルブ・**ダブ**）」と表現される〔日本語では「ドキドキ」、「ドックン」などに相当する〕。イタリア語では「トゥ・タンプ」、ポーランド語では「ブム・ブム」、ノルウェー語では「ドゥンク・ドゥンク」、アラビア語では「トゥム・トゥム」や「ラタマ・ラタマ」、ネパール語では「ドフク・ドフク」、タミル語では「ラップ・タップ」、マレー語では「ドゥプ・ダプ」、ヒンディー語では「ダダク」、ウルドゥ語では「ハク・ダハク」だ。

大部分の人は、心音（鼓動）は心臓が太鼓のように打ちつけられて震える音だと思い込んでいる。だが、英語でいう「ルブ・**ダブ**」は、実際には心臓の弁が閉じる時の音なのだ。一番目の「ルブ」の音〔日本語では「ドックン」の「ドッ」の部分〕は、僧帽弁と三尖弁（それぞれ、心臓の左側と右側で、心房と心室を隔てる）が同時に閉まるときに生じる。左右の心室が収縮し、その陰圧によって弁がピシャリと閉じるのだ。二番目の「**ダブ**」の音〔日本語では「ドックン」の「クン」の部分〕は、大動脈弁と肺動脈弁がほぼ同時に閉まることで生じる（血液はこれらの弁を通って全身と肺へ送りだされる）。これら2つの音は、「S_1〔I音〕」、「S_2〔II音〕」と称されている。

聴診器（後ほど詳しく紹介する）は、ほかの心音も耳へと届けることができる。たとえば、雑音（murmurs）、クリック音（clicks）、スナップ音（snaps）、ノック音（knocks）、摩擦音（rubs）、ギャロップ（奔馬調音：gallops）、プロップ（plops）などだ。プロップはあまりよろしくない音だが、幸いにも聞こえる事態は稀である。というのも、これは腫瘍が心臓の弁に衝突する音だからだ。心臓の雑音（心雑音）はよくあるもので、無害な場合（良性）と異常な場合（病的）がある。心雑音は血液の流れが入り乱れることで生じる――さらさら流れる小川や、勢いのある川の急流、あるいは遠くでとどろく雷鳴の音を想像してほしい。心臓の弁がこわばってしまい、完全には開かなかったり（狭窄）、きちんと閉まらずに血液が反対方向に漏れてしまったり（閉鎖不全による逆流）するのが、心雑音の典型的な原因だ。程度が軽く、臨床的有意性のない心雑音もあれば、深刻で、手術による弁の交換や修復が必要な心雑音もある。後者は、もし治さなければ命の終わりになってしまうかもしれない。

そのほかの異常な心音は、弁に問題が起きていたり、心室や心房の間に穴が開いていたり、心臓の周りに分泌液があったり、心不全が起こっていたりすることを知らせている場合がある。こうした音は、たとえば中隔欠損（心臓の左右を隔てる壁に穴がある）など、心臓の先天性奇形――生まれつき心臓に傷や欠けなどがあること――によって起こっていることもあるし、形の異常がだんだんと進行したり、途中で生じたりしたことで起こっていることもある。たとえば、中南米のわらぶき屋根の建物で寝ていると、夜中に目が覚めて、自分が屋根の隙間から落ちてきたサシガメ〔カメムシ亜科に属する肉食性・吸血性の昆虫〕に噛まれていたのに気づくことがあるかもしれない。サシガメは *Trypanosoma cruzi* という種の寄生虫を運ぶのだが、ヒトがこの寄生虫に感染すると、急性の心筋心膜炎にかかることがある。心臓の筋肉と、それを包む膜が傷ついた状態だ。聴診器で診察すると、ギャロップ、摩擦音、雑音など、普段は聞こえない種類の心音が聞こえてくる。

　大昔の人びとは心音を聞くための聴診器をもっていなかったが（聴診器が発明されたのは1800年代になってからだ）、それでも、患者や動物、伴侶、子どもの胸に耳を当てて確かに心音を聞いていた。太古の人びとも、生命のしるしである規則正しい鼓動を聞くとき、それが心臓から来る音だとわかっていた。動物を狩って殺したり、遺体の保存処理をしたり、死体や生体の解剖をしたりといった経験を通じて、人びとはすでにそのことを知っていたのだ。文明が発展するにつれ、心音は思想家や神学者、哲学者たちを駆り立てて、存在について考えさせ、私たちを私たちたらしめているものへの思索を深めさせた。彼らは私たち人間の情動と思考、意識、そして存在の本質について思いを巡らせた。多くの古代の思想家たちは、その中心が心臓にあると結論づけた。それは、愛憎を感じたとき、あるいは良き思いや悪しき思いを抱いたときに、心臓の鼓動が速く、強くなるためだった。だが、心臓には意識と魂の保管庫としてのライバルが存在した。人は胸ではなく、頭部に衝撃を受けたときに意識を失う。脳中心主義者たちは早くも古代ギリシャの時代から、心臓ではなく脳が思考と情動を統治すると論じていた。この心臓対脳の争いは今日まで続いている。

第20章　血液の色

血こそ命だ。

ブラム・ストーカー『ドラキュラ』

血は血をよぶ。

シェイクスピア『マクベス』

血は生命のエッセンスだ。肥沃と豊穣のしるしでもある。ケニア南部のマサイ族（マーサイ）の人びとは、子どもが生まれたときや娘の結婚のときに牛の血を飲む（また、酒に酔ってしまった年長者にも酔い覚ましとして与えられる）。多くの古代文明で、血液は全身に「生命」を届けるものとされた。

血液は痛みと苦しみのしるしでもある。キリスト教において、キリストの血は人類の贖罪の象徴である。血液は超自然的な存在の食物でもある。血液は家族関係のしるしでもある——「血は水よりも濃い」〔血縁の絆はほかの人間関係よりも強い〕という諺もあるほどだ。

ヒトの血液はさまざまな赤さを呈するが、それでも常に赤いことは変わりない。赤血球にヘモグロビンというタンパク質が含まれているためである。ヘモグロビンは内側に鉄イオンを抱えている。酸素の豊富な動脈血は鮮やかな赤、酸素の減った静脈血は栗色のような暗い赤だ。私たちの体重のおよそ8％が血液によるものだ。そこには25兆個の赤血球が含まれることになり、その一つ一つに2億7千万個のヘモグロビン分子が入っている。1つのヘモグロビン分子には、4つの酸素分子が収まる余地がある。つまり、赤血球1個につき酸素分子が10億以上入るということだ。〔米国の〕平均的な体型の女性には9パイント〔5リットル強〕、平均的な体型の男性には12パイント〔9リットル弱〕の血液がある。血液量の20％を失うと出血性ショックが起こる。

静脈は〔日本語でも「青筋（あおすじ）」とよばれるが〕青いわけではない。実際は、酸素の減った血液が内部を流れているために暗い赤茶色をしている。それが外から青く見えるのは、皮膚と皮下脂肪によって赤い光が散乱され、青い光だけが静脈に届くためである。その光が静脈に反射して外まで届くことで、静脈が青く見えるというわけだ。窒息しかけている人の顔色が「青ざめる」のも、皮膚の下を流れる血液が酸欠状態になり、静脈血と同じような色合いになったところに、先ほどの光の散乱現象が相まって青く見えるためだ。

では、英語で「blue blood〔青い血〕」とはどんな人を指す言葉だろうか？　これはスペイン語の「sangre azul」を直訳したものだ。この呼称は17世紀、カスティーリャの最も古く誇り高き家いえに由来するものとされている。それらの家いえの貴族たちはお高くとまり、自分たちはムーア人、ユダヤ人などとの人種間結婚を一切してこなかったと主張した。「青い血」の表現はおそらく、庶民に比べて色の薄い（青白い）この貴族たちの肌から透けて見える血管の青さに端を発するものだろう。その用語は次第に、ヨーロッパのあらゆる高貴な身分に属することを指すようになった。静脈と皮膚が青く見えることを表現した比喩が「blue blood」だったのだ。

ヨーロッパの王族たちは、自分たちが「日に晒されない」ために「色黒」にならないと思われることを切望した。日焼けは肉体労働のしるしだった。白く透き通るような肌が王族の象徴の一部——美のしるし——となった。また、銀食器での飲食により——王族は銀の酒盃でしかワインを飲まないものだった——、銀皮症（argyria：ギリシャ語で銀を指す「argyros」に由来）が引き起こされたとする説もある。銀皮症（銀沈着症）では皮膚が青みがかった灰色になることがある。

本当の青い血液というものも存在するが、そのもち主になるには甲殻類やクモ、サソリ、カブトガニ、イカ、タコ、そのほかの軟体動物などでなくてはならない。こうした動物たちが呼吸に使う色素は、鉄イオンを抱えるヘモグロビンではなく、銅イオンを抱えるヘモシアニンだ。

ヒルや環形動物、それにニューギニアに生息するオオトカゲなどの血液は緑色だ。ホヤなど、黄色の血液をもつ無脊椎動物もいる。ほかにも、鰓曳（えらひき）動物（英語では「penis worm」という残念な名前でよばれる）などの海産無脊椎動物の血液は紫色になる。そして、コオリウオ科の魚たちは無色透明の血液をもつ。

神がみへの生贄の儀式では血液は心臓とほぼ同等に重要なものとされた。ヴァイキングは屠殺した馬の血を器に入れて祭壇と参加者に浴びせ、マヤ文明の儀式における放血では神がみの像に血が塗られた。現代でも、マサイ族の男性は成人を祝う式で牡牛の血液を飲む。

第21章　心臓の電気系統

痛みは電気的な速さで心臓に届くが、真実が心臓に向かうのは氷河のように遅い。
バーバラ・キングソルヴァー『Animal Dreams（動物的な夢）』

世のなかには2種類の心臓医がいる——配管技師と電気技師だ。
ヴィンセント・M・フィゲレド（医学博士）

私は心臓の電気的な問題——心臓のリズムの異常や不調——を抱えた患者と話す時、世のなかには2種類の心臓医がいることを伝える。配管技師と電気技師だ。私は心臓の配管技師のほうで、目の前の相手が必要としているのは心臓の電気技師のほうだ。私は不整脈の治療や、人工ペースメーカーの植込みや、除細動器治療を専門とする提携医たち——心臓電気生理学者——のうち誰かに宛てた紹介状を書き、患者にそちらへとまわってもらう。

イタリアの物理学者、カルロ・マテウッチは、カエルの心臓と脚の筋肉をつなぎ、心臓の拍動に合わせて脚の筋肉がひくひくと動くことを見いだした。彼は1842年に、1回ごとの心拍に伴って電流が流れているのだと推測した。心臓には独自の電気系統があるのだ！[*1]

心臓全体の筋肉に電流が駆け巡らなければ、心臓の鼓動もポンプ作用も起こらない。心臓内の小さなペースメーカーとしてはたらく特別な細胞群（洞房結節）が電気インパルスを送り、それが残りの心臓の筋肉の細胞（心筋細胞）を刺激して、収縮とインパルスの伝達を行わせる。心筋細胞が同期しながら収縮することで、心臓全体の筋肉が同調的に縮み、血液を次の心腔へ、肺へ、あるいは全身へと効果的に押しだせるようになっている。

心臓のペースメーカー細胞の電位は、電荷を帯びたイオン（ナトリウム、カルシウム、カリウム）が細胞の壁（細胞膜）の内側に流れ込んだり、外へと流れだしたりするのに伴い周期的に変化する〔細胞膜にはそれぞれのイオンを通過させる特殊なゲート（イオンチャネル）があり、電位やほかのイオンチャネルとの相互作用によって開きやすさが変わることで、イオンの流入・流出のサイクルが生じる〕。毎周期ごとに、電位が一定の閾値に達すると電気インパルスの引き金が引かれる。通常の人の安静時では1秒から1.5秒につき1回の頻度だ。女性の心拍数は平均で1分あたり78回（78 BPM〔beat per minute〕）、男性の心拍数は平均70 BPMだ。ヒトの赤ちゃんの誕生時の心拍数は平均130 BPMである。ゾウの心拍数は25 BPM、カナリアの心拍数は1000 BPMだ。

ヒトの心臓に備わっているこの電気系統のサイクルが1分間におよそ75周するということは、

1時間で4500周、1日で108000周、1年で39400000周、そして80年間の人生では30億周を超えることになる。

感嘆させられることに、この心臓の電気系統はたいていの場合、私たちの一生涯を通じてミスを犯すことなく機能し続ける。ただし、20世紀中盤までは、もし心臓が元からもっていたペースメーカーが力尽きてしまった場合には一貫の終わりだった。今では、マッチ箱以下の大きさしかない（ビタミンの錠剤並みに小さいものさえでてきた）機械式のペースメーカーによって私たちの寿命は延びている。人工ペースメーカーの植込みを受ける〔米国の〕患者の平均年齢は75歳だ。心臓に元から備わっている天然のペースメーカーは75年以上もつことも多いが、多くの機械式ペースメーカーの電池はわずか6年から10年で交換が必要になる。代わりの手段として、科学者たちは今、植込み可能な生物学的ペースメーカーの開発に取り組んでいる。

第22章　心電図とは何か

オーガスタス・デジレ・ウォーラーは、1887年に飼い犬ジミーの心臓の電気活動を測定した。心臓の電気系統についての講義中、ジミーの前足と後足を塩水の入った小さなたらいに入れ、それらのたらいを電位計につないだ（図22・1）。傍を走るおもちゃの汽車には写真乾板が取りつけられており、電位計の動きが乾板に投射されることで、心拍による電位変化の図が浮かびあがった。そのグラフは、ウォーラーが「electrogram〔電位図〕」とよぶ波形を示していた――心臓からの電報だ。荒削りなものではあったが、これらが心臓の電気系統のはたらきを記録した最初の例であった。[*1]

心臓が拍動するのは、心筋細胞がリズミカルに収縮するためだ。そして、心筋細胞がそのように周期的に収縮するのは、ペースメーカー細胞とよばれる心臓内のほかの細胞群から電気インパルスが送られてくるためである。この電流は外から測定できるほど強い。生じる電気信号は、装置上を流れていく記録紙に写し取ることができる（今ではコンピュータ画面上に表示されること

図 22.1 電極につながれた犬のジミー

（出典：Wellcome Collection, Creative Commons Attribution 4.0 International (CC BY 4.0)）

も多い）。この記録が心電図だ。英語では「electrocardiogram（ECG）」だが、ドイツ語の「elektrokardiogramm」を元にした「EKG」という略称で覚えている人がほとんどだ。「elektro-」の部分はギリシャ語で琥珀を意味する語からきている。古代、琥珀は電気と同じように物を引きつける力があると考えられていたからだ〔琥珀を擦ると静電気が起きる〕。「kardio」はギリシャ語の「心臓」から、「gramm」はギリシャ語の「描いた／書いたもの」からきている。

「electrocardiogram」（心

電図)」の語を初めて使ったのはウィレム・アイントホーフェンだ。1902年、彼は現代のEKGに似た心電図を初めて公開した。アイントホーフェンはこの新たな心電図に現れる「でこぼこ」〔波形〕に対して、ウォーラーが〔かつての「電位図」の波形に〕当てていたのと同じ用語(A、B、C、D、E)を使いたくはなかったため、代わりにP、Q、R、S、T、Uの文字を当て、それが現在も使われている〔栗田隆志(2006)「Editorial 心電図波，命名の謎について」『心電図』28(6)：565-566〕。アイントホーフェンは弦検流計という装置を使って心筋の電気的活動を正確に測定する方法を考案した。心電図を記録できるこの機械の肝は、心臓の生みだした電気を伝導させることが可能な、長くて非常に細い、銀の被膜に覆(おお)われたガラスフィラメントだった。充分な細さのガラスフィラメントをつくるため、アイントホーフェンは溶けたガラスを矢にくっつけ、その矢を実験室の端から反対端へと放った。こうすることで、ガラスが素早く引き延ばされて極細の電線となるのだ。アイントホーフェンはこのガラス糸に銀メッキを施して電線に仕上げた後、強力な磁場のなかに置いた。患者の右腕、左腕、左脚が生理食塩水入りの容器に浸され(電気伝導性を高めるため)、それらの容器に電線の端をつなぐと、伝わってきた心臓の電流に応じて電線は磁石の間でたわむ。その移動が写真乾板に写し取られていき、急な山のある折れ線グラフが描きだされる。アイントホーフェンの発明した最初のEKG装置は600ポンド〔約270キログラム〕もあり、5人もの操作技師が必要で、電磁石のオーバーヒートを防ぐために絶えず水で冷まし続けなければならないものだった。今日、医師の診察室に置かれている心電計は重さわずか数キログラムで、スマートウォッチに搭載されているものなどは実質的に何の重さも感じられないほどだ。

1905年、アイントホーフェンは電話線を使い、病院から1.5キロメートル離れた自分の研究室へ心電図の信号を転送することをはじめた。世界初の遠隔医療だ！　さらに、アイントホーフェンは心電計の発明により1924年にノーベル生理学・医学賞を受賞した。ホレス・ダーウィン（チャールズ・ダーウィンの末息子）率いるケンブリッジ科学機器社（Cambridge Scientific Company）は、1930年代までに登場した市販用ＥＫＧ装置メーカー数社のうちの一つだった。

心臓の電気系統はポンプ作用を最大化するように設定されている。心臓のなかで拍動の速さを決めるおもなペースメーカーは洞房結節とよばれる部分で、右心房の上のほうに位置する（図22・2）。洞房結節は電気インパルスを1秒から1.5秒に1回のリズムで送りだす。その電気インパルスはまず右心房と左心房を駆け巡り、心筋を収縮させる。それにより心房が縮んで血液を心室へと送り込む。心房から伝わった電気信号は、続いて別のペースメーカーである房室結節に集まってくる。房室結節があるのは心房と心室の間だ。房室結節は受け取った電気インパルスを遅らせて、心室が血液で満たされるのに充分な時間を稼ぐ。その後、房室結節から心室の心筋細胞に電気インパルスが届けられると、ついに心室は縮むことができ、大動脈と肺動脈へと血液が送りだされる。

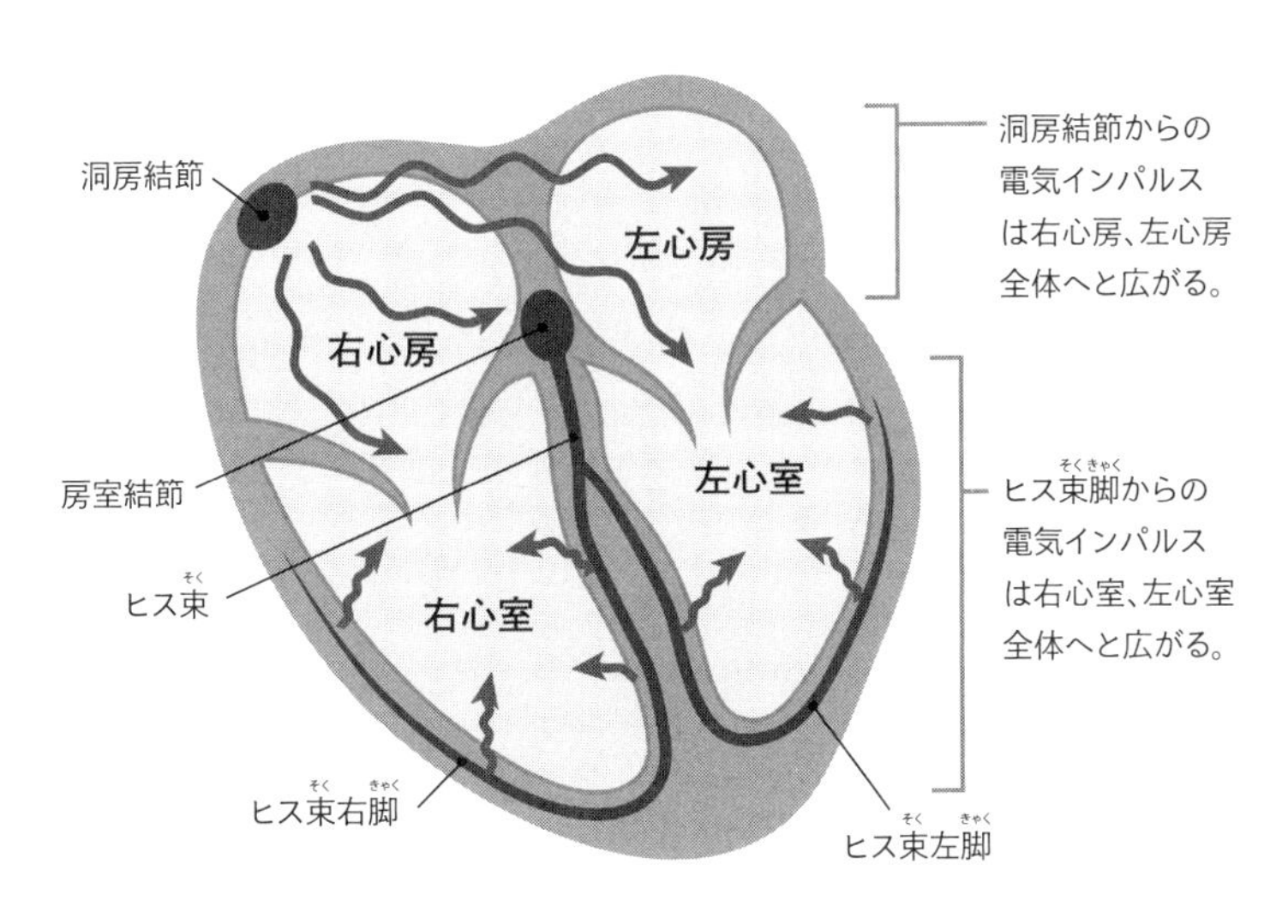

図 22.2 心臓の電気伝導系統

心臓の機能を維持する電気系統のはたらきを外から心電図として記録できるのなら、動かなくなっている心臓を外部からの電気刺激で復活させることもできるのだろうか？　デンマークの医師・獣医師だったピーダ・クリスチャン・アビルゴールは1775年にニワトリの頭の左右に電極を当てた。頭部に電気を流すと、ニワトリは倒れて死んだ。その体に繰り返し電流を送り込んでも効果はなかったが、体のなかでも胸を挟むように電極を設置すると変化が起きた。胸部を挟んで電流を流すと、ニワトリは自分の足で立ち上がり、よろよろと歩き去っていった。世界初の心臓の除細動だ！

1792年、プロイセンの博識家アレクサンダー・フォン・フンボルトは、死んだフィンチ〔スズメ目アトリ科の鳥〕のくちばしと直腸に銀製の電極を差し込んで生き返らせようとした。小鳥は目を開け、翼をパタパタと動かした。小鳥は数分後にまた死んでしまったが、彼は後に、生きている自分に対しても同じ実験を試みた。その結果はあまり快いものではなかった〔胃腸が激しくけいれんし、目に光を感じるなど、神経・筋肉への刺激による苦しみを味わったという〕。

1882年、ドイツの医師フーゴー・フォン・ツィームセンは、胸部の腫瘍摘出を受けた46歳のある女性に出会った。彼女の心臓は、薄い皮膚の層を通して透けて見えていた。ツィームセンは、彼女の心臓の表面に電気インパルスを与えることで心拍数を変えられることを見いだした。彼女は電気ショックそのものを感じ取ることはなかったが、心臓の鼓動が速まったことは自分でも実感できた。

心臓専門医アルバート・ハイマンは心臓の拍動が電気的な現象であることを認識した上で、止まってしまった心臓にショックを与えて蘇生させる技術を開発した。それは、帯電させた金めっき針を患者の胸へ、そして心臓の右心房に突き刺すというものだった。心臓の「ジャンプスタート」〔自動車のバッテリーが上がってしまった時の応急処置〕は効果的だった！　また、1932年にハイマンが開発した装置は手回し式モーターを動力源としたもので、彼はこれを「人工ペースメーカー」とよんだ。この用語は今も使われている。

電気技師ウィルソン・グリートバッチは、電気系統が動かなくなってしまった心臓に拍動のリズムを取り戻させる方法を開発し、その結果、1960年までに植込み型人工ペースメーカーを発明するに至った。それからほどなくして、ミッシェル・ミロウスキー〔誕生時の名前はモルデカイ・フリードマン。ナチス・ドイツの侵攻から逃れる過程でロシア風に改名、さらにフランス移住を経て「ミッシェル」とよばれるようになった〕が初の自動除細動器を開発し、1980年に実際の植込みに至った〔米国のジョンズ・ホプキンス病院にて〕。自動除細動器は、命を脅かすような不整脈（例：心室頻拍）を抱えている人に植え込むことで、その人が死のリスクにさらされているときに、どこにいようと自動で電気ショックを与えることができる装置だ。

私の担当する患者の一人はシカを狩るハンターで、森のなかに何マイルも分け入っていたときに自動除細動器のショックを受けた。地面に倒れ込んだ彼は、自力で立ち上がって歩いてトラックに戻ることができ（車そのものも森のなかに数マイル入ったところに停めていた）、自分の運転で近くの病院に行くことができた。植え込んでいた自動除細動器によって命を救われたのだ。彼は今も、病院からも人からも離れた森のなかを歩き続けている。

第23章　血圧とは何か

今朝、私は担当の医師たちから、血圧があまりに低いので新聞を読みはじめても大丈夫だと伝えられた。

ロナルド・レーガン〔元米国大統領〕

オーストリア系ユダヤ人医師、ザームエル・ジークフリート・カール・フォン・バッシュは、メキシコ皇帝マクシミリアンの侍医という立場が最もよく知られているが、1891年に血圧計を発明した人物でもある。*1 英語では「sphygmomanometer」――そう、これが血圧を計るあの機械のよび名なのだ。ギリシャ語で「脈拍」を表す「sphygmo」、「薄い」あるいは「希薄」を表す「manos」、そして「測定」を表す「metron」が元となっている。

血圧は、血液が全身の動脈を通り抜けるときに内壁にかかる圧力だ。心臓が拍動するときには、動脈樹を通じて酸素を含んだ血液を全身の細胞（角膜を除く）に届けるための圧力が生まれる。

心臓がポンプとして血液を送りだしている最中に動脈内にかかる圧力を「収縮期圧」(英語ではsystolic pressure。「systolic」は「収縮」「締結」を表すギリシャ語が由来)、心臓の弛緩時に動脈内にかかる圧力を「拡張期圧」とよぶ(英語ではdiastolic pressure。「diastolic」は「分離」を表すギリシャ語が由来)。心臓の拍動による圧力で、血液は空中30フィート〔約9メートル〕の高さまで噴出する。

ヒトの正常な血圧は、収縮期圧が120 mmHg〔ミリメートル水銀柱〕未満、拡張期圧が80 mmHg未満とされる。これを表すのに「上の血圧が120未満、下の血圧が80未満」という言い方が使われる。あなたの飼い犬の血圧は、上が130、下が75といったところだろう。飼い猫の場合は、上が120、下が80だ。マウス〔実験用のハツカネズミ〕だったら上が120、下が70。ウマは上が110、下が70。そしてゾウは上が180、下が120だ。最も血圧の高い哺乳類は、上が280で下が180のキリンである――心臓と脳の間の距離が6フィート〔約1.8メートル〕もあるためだ。

米国の成人の半数近く(世界でも4人に1人)が、高血圧を抱えている。[*2] 高血圧はしばしば「サイレントキラー(静かな殺し屋)」とよばれる。命を奪う脳卒中や心臓発作に襲われて初めて高血圧に気づく場合もあるからだ。上下の血圧が120 mmHg/80 mmHgの基準を常に超えている状態を高血圧とよぶ。その原因は多様かつ複合的で、遺伝的特性(両親から受け継いだ因子)や年齢、肥満、喫煙、飲酒、塩分摂取量、運動不足、糖尿病、腎臓疾患などが含まれる。

高血圧による力と摩擦は、時間が経つにつれて動脈の内張りにダメージを与えていく。傷ついた動脈の壁にコレステロールが入り込んで溜まっていき、動脈硬化性粥腫（じゅくしゅ）が形成される。高血圧を治療せずに放っておくと、長期的には心臓発作や心不全、脳卒中、腎不全、末梢動脈疾患、性機能障害などの結果に至る。

高血圧がもたらすこうした結末は古代から知られていた。古代エジプトや古代中国、古代インドの医学書には、「強く跳ねるような脈」の患者についての記述がある。こうした患者たちはその後長く生きられなかった。当時推奨されていた治療法には、血圧を下げるための瀉血やヒルによる吸血法などがあった。

米国のフランクリン・デラノ・ローズヴェルト〔フランクリン・ルーズベルトとも〕（略称：ＦＤＲ）大統領の事例は、高血圧を治療しなかった場合に起こりうるありとあらゆる問題を体現した典型的な症例研究といえる。[*3] １９３３年の大統領就任時、すでにＦＤＲの血圧は１４０ mmHg／90 mmHg前後で、今日の指針に従えば軽度の高血圧となっていた。１９４４年までにＦＤＲの血圧は２００ mmHg／１２０ mmHg を超え、彼は心不全の症状を呈しはじめていた。ヤルタ会議において、血圧が２５０ mmHg／１５０ mmHg に達していたＦＤＲはぜいぜいという息切れが聞き取れるほどになっており、ラジオ演説では1文を最後までいい終えることができなかった。重篤な心不全を示唆する徴候である。歴史家のなかには、スターリンが大統領の衰弱を好機として利用し、それが東欧の運命を決定づけたと考える人びともいる。１９４５年４月、肖像画作成のために椅子に腰掛けていたFDRは人生で最もひどい頭痛がすると訴え、気を失った。彼の最後に測定された血圧は350mmHg/195mmHg。彼は脳内出血で死亡した——脳内で血管が破裂し、出血が起こったのだ。彼にとって不幸なことに、効力と忍容性のある〔副作用が患者にとって耐えられる範囲である〕高血圧治療薬が使えるようになったのは1950年代になってからのことだった。

一方で、昔から今に至るまで、高血圧のなかには「本態性高血圧（essential hypertension）」とよばれるものがある。「essential」というからには、何かに欠かせない本質的なものなのだろうか？　心臓発作や脳卒中を起こすのに高血圧が必要だというならわかるが、ほかに何かあるのだろうか？　20世紀到来の頃、医師たちは、アテローム性動脈硬化によっていったん動脈が硬くなりはじめてしまうと、脳や腎臓など、生命維持に必須の器官を血液で満たすために血圧を上昇させることが不可欠になると考えていた。医学の巨人、サー・ウィリアム・オスラー〔カナダ生まれの医師、医学者〕は、1912年にこう記している。「追加の圧力は必要なものだ——堆積物で覆われた古い配管と草の生い茂った水路を抱えたどんな巨大な灌漑機構にもいえる、ごく純粋に機械的な事情である」。[*4]　今の私たちはこの説明が必ずしも事実ではないことを知っているが、用語の命名はいまだ変わってはいない。

高血圧の治療は、私の職業上の関心事であり続けてきた。私は「高血圧専門医」になるため、そして、高血圧の背景にあるしくみと高血圧のよりよい治療法を理解するための訓練を受けてきた。内科的治療をはじめるとき、私の患者たちはみな揃って「自分では調子が悪いとは感じないのですが」と述べる。彼らに心臓発作、心不全、脳卒中において高血圧の果たす役割を理解してもらう手助けをするのが、私の使命である。一緒に血圧を「立て直す」ことで、本人の感じる調子もいかによくなるか驚いてもらえることも多い。そして、私は患者たちの健康寿命の伸長に貢献していることも自負している。

血圧を下げることで、心臓発作のリスクは25%、脳卒中のリスクは35%、心不全のリスクは50%低下する。[*5] だからこそ、アメリカ心臓協会が重視し、強調しているように――ちなみにもちろん、重圧や強制も高血圧に悪影響を及ぼしうる――自分の数値をきちんと知り、行動を起こして大事な変化をもたらそうではないか！

第24章　心不全とは何か

この人間の心臓が、愛情の坂道を登るなかで時折安息のひとときを見いだすことがあれば、下る時にはめったに停止することがないのである。

オノレ・ド・バルザック『ゴリオ爺さん』（1835年）

母の心は深淵であり、その底にはいつも許しを見いだすこととなる。

オノレ・ド・バルザック

19世紀フランスの小説家・劇作家で、ナポレオン・ボナパルト凋落後の時代のフランスの暮らしを題材とした『人間喜劇』の作者であるオノレ・ド・バルザックは「うっ血性心不全」を抱えていた。[*1]「破綻しつつある」心臓のせいで、バルザックの体には水分が溜まり、脚は浮腫でおおいにむくんだ。友人のヴィクトル・ユーゴー（『レ・ミゼラブル』や『ノートルダム・ド・パリ』

の作者）はバルザックの脚が塩漬けのラードに似ていると書いている。医師たちははち切れんばかりになったバルザックの脚の皮膚に金属製の管をいくつも差し込んで体液を排出しようとしたが、すでにその皮膚の下では感染症（蜂窩織炎）が起こっていた可能性が高い。続いてすぐに壊疽が起こり、バルザックはその後間もなくして51歳で死んだ。

体内の器官に損傷を与える病因は、感染症や化学物質による傷害、外傷、あるいは血液の供給不足など無数にある。その最終的な帰結として共通しているのが臓器不全だ。肝不全、腎不全、そして生命を支える車輪が次つぎと脱落したときには、多臓器不全に陥る。

心不全が起こるのは、理由は何であれ、心臓のポンプがきちんとはたらくのを止めてしまったときだ。最も多い原因はアテローム性冠動脈疾患と、それによる心臓発作だが、ほかにもアルコール乱用やウイルス感染、心臓の弁の問題、一部の化学療法なども原因となる（原因の例は枚挙にいとまがない）。ポンプ機能が落ちると血圧は下がり、体内の細胞に届く血流が減る。酸素と結合した血液を細胞や組織に届け続けるために、体は血圧を上げなければならない。心拍数を上げ、血液量を増やす（ことで血圧を高める）ため腎臓に水分を取り込ませるはたらきのある各種ホルモンが放出される。一時的には効果があるが、体液が溜まり、体の各部の組織へと漏れだすようになると、体は「うっ血」する――これが「うっ血性心不全」という用語の意味するところだ。

最終的に、体は体液でぱんぱんになり、バルザックの場合もそうであったように、とくに脚が（重力によって）ひどく浮腫む。腹部と肺もまたしかりだ。この最終的な結果を一時的に予防するための医薬品が開発されてきたが、心臓そのものの回復（可能なときもあれば、手遅れのときもある）が行われなければうっ血は進行する。21世紀を迎えた今、心不全の症状と死を減らす新たな治療法が使えるようになっている。補助人工心臓（心室補助デバイス）の使用と心臓移植は今や普通のこととなった。心不全を起こしている心臓に健康な細胞を注入して筋肉を再構築することを目指した研究も行われている。科学研究にも取り組む医師たちは、心臓の異種移植――そう、別の種の動物の心臓をヒトの体内に植え込む技術だ――の研究を行っている。

これまでに発見された最古の心不全の症例はおそらく、3500年以上前のトトメス3世の治世における古代エジプトで、ネビリという高官の身に起こったものだ（紀元前1424年）。[*2] ネビリの頭部と、カノプス壺〔ミイラの内臓を保存する容器〕に収められた各種の器官は、1904年、ルクソールの「王妃の谷」にある盗掘された墓地から見つかり、死亡時の年齢が45歳から60歳の間であったことを示していた。肺を精査してみると、空気が入る空間に体液の蓄積が観察され、肺水腫と心不全が起こっていたことが示唆された。

14世紀には早くも、現在ではうっ血性心不全として知られる「dropsy」（由来は古フランス語の「hydropisie」で、さらにその語源は、水を表すギリシャ語の「hydor」）が死期の接近を意味していた。[*3] 体はむくみ、苦しむ人びとはやがて肺に溜まった体液によって溺れ死ぬか、浮腫に冒された脚の感染症で亡くなった。その原因に心不全があることはまだ解明されていなかった。原因解明のためにはまず、医科学者たちが全身への血液循環と体液移動における心臓の役割を理解しなければならなかった。古代エジプトや古代中国、古代インドの人びとが過去にその可能性を示唆していた。この血液循環の概念が、体内の体液の管理における心臓の役割を理解する上での第一歩だった。だが、ポンプとして動く心臓と、血液循環におけるその役割をウィリアム・ハーヴェイが17世紀に——自らの命を賭して、教会の教義に反することを厭わずに——主張するまで、その認識は進まなかった。

第25章 「狭心症」とは何か

昔はファンの心臓をわしづかみにしてましたけど、今は自分の心臓の血管が詰まってるんですよね。

「ザ・モンキーズ」のメンバー、デイヴィー・ジョーンズ

アーユルヴェーダの古文書、『スシュルタ・サンヒター（スシュルタ本集）』に収められた文書には、早くも紀元前6世紀に「フリチューラ（心臓の棘）」のことが記されている。古代ギリシャ人には「胸の稲妻」と称されたその現象には、1768年にウィリアム・ヘバーデンによって「angina pectoris」〔「胸部の激痛」の意。日本語では後に「狭心症」の訳語がついた〕の名が初めてつけられた。現在、英語ではしばしば「having a cororary〔冠動脈（の血栓）にやられている〕」といういい方が使われる。「coronary（冠動脈）」という語は、ラテン語の「*coronarius*（冠の、冠状の）」からきている。冠が王の頭を包み込むように、冠動脈は心臓の周りをぐるりと取り囲んでいる。

心臓の筋肉に酸素の豊富な血液を送り込む冠動脈は、私たちの祖先筋にあたるハイギョ（肺魚）にも存在していた。冠動脈はあらゆる動物種の心臓に酸素と栄養を供給する。哺乳類と鳥類では冠動脈が大きくなり、枝分れも増えて（細動脈と毛細血管）、それらが心臓のすみずみの心筋細胞にまで届いている。ただ、1億年前のハイギョは心臓に2本の冠動脈をもっていたが、その数は今の私たちでも変わらない。進化の過程では、冠動脈そのものの数をさらに増やすよりも、すでにできあがった2本を拡大し、細かな枝分れを増やしていくほうが楽だったのだ。

左右の冠動脈は、ちょうど大動脈弁の真上のところで大動脈から分岐する。2本の冠動脈は細い細動脈へと枝分れしていき、心臓全体の筋肉に酸素と栄養を届ける（図25・1）。もしそのうち1つでも動脈硬化（コレステロールによるプラーク〔粥状の塊〕）と血栓で詰まってしまったら、その血管が担当する領域の心筋が死んでしまう。急性心筋梗塞（AMI：acute myocardial infarction）、別名「心臓発作」が英語で「coronary（冠動脈）」と称されることがあるのはこのような理由からだ。急性心筋梗塞に陥った人は胸の痛みと息苦しさに苦しめられ、そしてときには、心臓の危険な拍動リズム（心室細動もその一例だ）による突然死に襲われる。心臓発作に襲われた人が生還したとしても、冠動脈の詰まりが迅速に解消されなかった場合には、血液の供給が止まっていた領域の心筋が壊死してしまい、その部分は傷の組織に不可逆的に置き換わってしまう。

今日、男女ともに世界の成人の3分の1以上が心血管疾患で亡くなる見込みであり、その大部

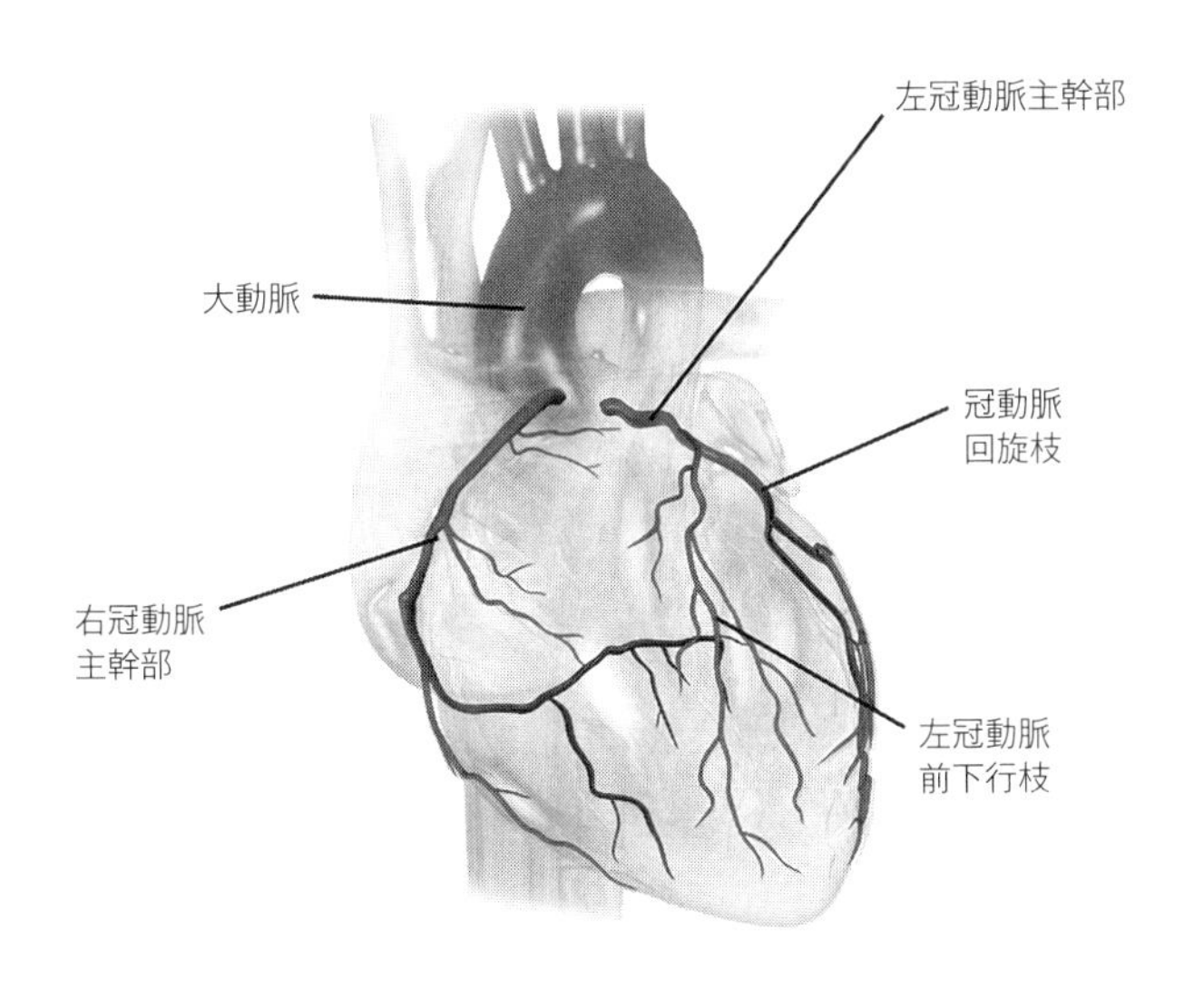

図 25.1 冠動脈

（出典：BruceBlaus / Wikimedia Commons / Public Domain）

分は心臓発作が原因となる。なぜこれほど多くの人が冠動脈に問題を抱えるのだろう？

驚くことに、１９５３年に〔朝鮮戦争派兵により〕朝鮮半島で戦死した若い米軍兵士たちの検死解剖では、冠動脈にコレステロールプラークの顕著な蓄積が見つかった。[*1] 彼らの死亡時の平均年齢は22歳だった。この現象は、ベトナム戦争で死亡した兵士（死亡時の平均年齢：26歳）[*2]や、暴力による死亡事件の若い被害者たち（死亡時年齢の中央値：20歳）[*3]でも裏づけられた。だが、この死者たちはまだほんの子供だったではないか！　ここから判明するのは、冠動脈内壁には早くも10代から脂質の層が堆積しはじめる場合があるということだ。そして、成人後の食生活によって、この脂肪が硬化して冠動脈に積もり続けていく。1912年に、内科医のジェイムズ・ヘリックがこの現象を「hardening of the arteries（動脈の硬化）」とよんだ。[*4]

こうしたコレステロールのプラークは動脈内壁の火山となり、噴火のときを待つばかりとなる。プラークに沈着した硬いカルシウムの蓋にひびが入り、プラークの中核を成していた脂質が血中に漏れだすと、体内の血液凝固機構――本来はケガの後にとめどなく出血が続かないよう体を守るためのもの――が誤って作動してしまう。流れてくる血液のなかの血小板が脂質の流出部に集まり、たちまち血栓を形成する。これが心臓発作の原因となる「冠動脈血栓症」だ。

冠動脈の血栓は1878年、担当患者の心臓が冠動脈の詰まりによって停止したのではないかと疑った内科医、アダム・ハマーによって最初に確認された。彼は検死解剖によってそれを確認し、患者の冠動脈がゼリーのような血栓によって詰まっていたことを見いだした。米国大統領ドワイト・アイゼンハワーは1955年、ゴルフ中に心臓発作に襲われ、入院が必要になった。問題は、彼が1956年の大統領選挙再選に向けて立候補していたことだった。病状の深刻さを過小に見せるべく、アイゼンハワーの担当医ら医療チームは、大統領は「軽度の冠動脈血栓症」を患っているのみであると報告した。大統領は車から歩いて病院の建物へと入るのに支障のない姿をあえて見せ、まったく問題はないと報じさせた。彼は大統領に再選された。

英語の「don't have a coronary〔冠動脈（の血栓）にやられないでくださいよ〕」という表現が初めて

使われたのは1960年代のことだ。「落ち着いてほしい」、いい換えれば「心臓発作を起こさないでくださいね」という意味である。

私の仕事において最も神経がすり減る瞬間、かつ心昂る瞬間は、救急救命科から急性心筋梗塞の声がかかるときだ。患者は怯え、私も同じ不安を感じる。ある患者は私に「私は冠動脈にやられているんですか？」と聞いてきた。この章を書いたのはそのためだ。私に質問を投げかけた彼は、自分が心臓専門医と話せている状況の幸運さにはあまり気づいていなかったことだろう。というのも、心臓発作での死亡例の半分は、病院に辿り着く前に起こってしまうのだ。私の使命は、患者の状態を素早く安定させ、冠動脈血栓の詰まりをできるだけ早く取り除くことだ。時は金なり――いや、時は筋なり、力なり！

第26章　心臓疾患における性差、人種差、民族差

ヒトの遺伝的特性についていえば、私たちの誰も彼もが著しく似通っている――99・9％が同じなのだ。だが、民族あるいは人種の集団を比べたときに、心臓疾患にかかりやすい、あるいはかかりにくい群があるだろうか？　男性は女性よりも心臓発作で死ぬ確率が高いだろうか？

2016年2月に行われたあるTEDトーク〔QRコードのリンクより視聴可〕では、物理学者のリカルド・サバティーニが、ヒトの遺伝情報を丸ごと本に収めるなら262000ページ、大型本175巻分にわたると述べている。その175冊の本のうち、個々人によって異なる内容はおよそ500ページ分しかない。もし外宇宙から知的生命体がやってきたら、私たちヒトはおそらく、全員がきょうだいのように見られることだろう。多胎児のようにさえ見えるかもしれない。私たち自身も、人は誰もがきょうだいだとみなすことができれば

TEDトーク

いいのだが。

人種性、あるいは民族性とはあくまで社会的な構成概念であり、その生物学的・遺伝学的な基盤は薄い。それでも、これらの用語はしばしば、アフリカやアジア、あるいはヨーロッパといった祖先の出身地と、特有の身体的外見（肌の色だとか、生まれた国だとか）を共有する人びとの集団を指して使われる。遺伝的要因が、特定の人種や民族の心臓疾患リスクが大きいといえる可能性を高めることがあるのだろうか？　こうした違いを検討してみよう。

米国では、アフリカ系米国人は非ヒスパニック系白人に比べ、高血圧の発症時期が早い傾向があり、心臓疾患や脳卒中で死ぬ確率が30％高い。[*1] ネイティヴアメリカンの過半数は心臓疾患で亡くなり、その死亡例の36％は65歳未満である。[*2] ヒスパニック系米国人、アジア系米国人は、非ヒスパニック系白人に比べて糖尿病の有病率が有意に高い。

遺伝的特徴は心臓疾患のリスクにわずかに寄与するかもしれない。だが実際は、私たちのうち大多数にとって、誰がこれから心臓発作を起こすのかを決める主要な決定要因は生活様式と環境である。心臓疾患は世界の大部分の人種・民族集団にとっておもな死因となっているが、私たちヒトの間の遺伝的差異のうち、心臓疾患のリスクに潜在的にかかわるものはあるだろうか？　あるいは、ほかの因子もかかわっているのだろうか？

心臓血管系の疾患は、西欧諸国で最も一般的な死因（かつ、最も予防可能な死因の一つ）である。[*3] アジアや中南米、アフリカの経済的発展は、発展途上国における生活様式の変化と環境曝露、

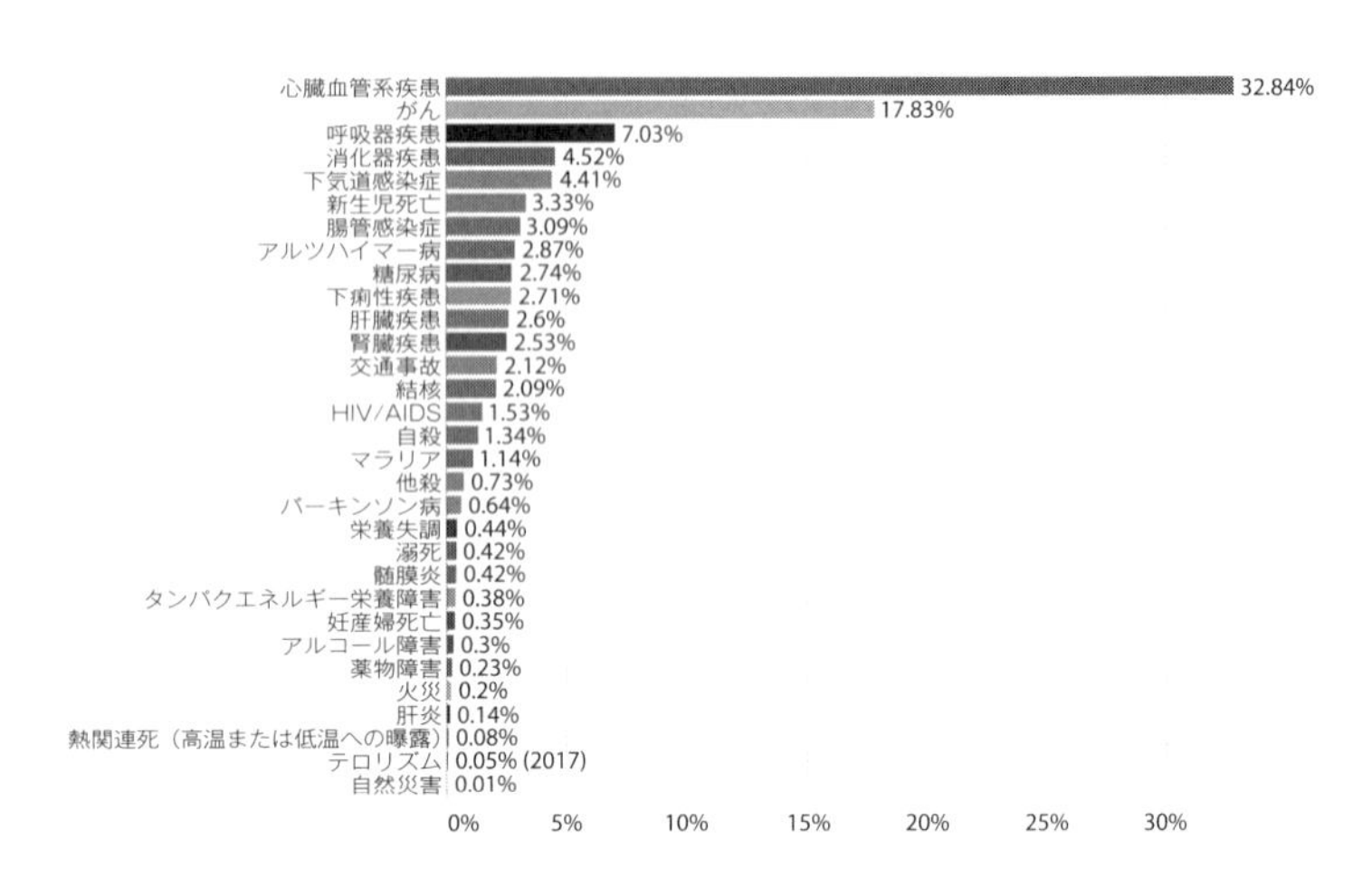

図 26.1 世界における 2019 年の上位の死因

（出典：Our World in Data の好意により掲載）

それに伴う心臓疾患死の急速な増加を引き起こしている。心臓血管系疾患による死は、世界の年間総死亡者数の32%を占める（過去10年で17%増加した）。[*4] 糖尿病、ストレス、不健康な生活様式といった新たなリスク因子が、世界各地で心臓関連の問題の増加に寄与している（図26・1）。人種を問わず、若年層での心臓発作と脳卒中の80%は予防可能だ。[*5] つまり、心臓疾患系リスクのうち遺伝的要因がかかわっている可能性がある部分は最大でも20%程度ということになる。

米国では、黒人と白人間における潜在生存年数の不均衡のおよそ3分の1は心臓血管系疾患によって説明がつく。黒人の人びとを高血圧にかかりやすくさせる遺伝的差異がかかわっているのかもしれない。研究者のなかには、赤道アフリカに暮らす人びとは塩分への感受性を高める遺伝的傾向を獲得してきた（その結果、体により多くのナトリウムを保持するようになった）のではないかと考える人もいる。この体質によって血液量が増え、転じて血圧も上がったというのだ。塩分感受性により、体は水を保持しやすくなり、暑く乾燥した気候においてはそれが有益になりうる。しかし、何世代も後になり、子孫のうち米国に渡った人びとは現地の環境に釣り合わない塩分感受性を今も保っている。高血圧の発症が早いと、若年性の脳卒中や心臓発作につながる可能性がある。

米国における特定の人種的・民族的マイノリティが、心臓疾患への早期罹患リスクと罹患リスクそのものの増大とに寄与する遺伝的性質ならびに行動習慣（食生活、運動不足など）をもちあわせていると結論づけてしまうのは単純なことだろう。だが、この説明は、心臓血管系疾患の不均衡を推し進めている本当の原動力を解説していない。米国、そして世界各地で、多くの人種的・民族的マイノリティ集団が心臓血管系疾患の診断とケアに対する障壁に直面し、質の低い治療を受け、それゆえに、同じ国や地域の白人たちと比べて健康上の転帰が悪くなっている。[*6] 不均衡は収入と教育、そして医療へのアクセスといった、数かずの複雑な要因と相関している。言語の違いや文化的信念・慣習なども、質の高い医療へのアクセスと健康探求行動に影響しうる。

端的にいって、心臓の健康に関してはＤＮＡの遺伝暗号よりも住所の郵便番号のほうが重要になってくる。ある人がどんな界隈に暮らし、隣近所の環境がどれほど安全に感じられるかといった要素は、運動能力や健康によい食品の摂取可能性に影響をあたえうる。低所得地域は食料砂漠となってしまうことがある。健康的で新鮮な食材は手に入らず、不健康なファストフードのほうがどちらにしても安上がりという状況だ。そのような地域に住んでいる人に、もっと健康的な食事をしなさい、外にでて散歩をしなさいという医師は、背後にある数かずの環境的条件と、それに関連する種々のストレス源を無視していることになる。さらに、この地域に住んでいるのは安全ではないという感覚は、日々のストレスを引き起こしてストレス関連ホルモンの産生を高めるかもしれない――いずれも心臓疾患事象を増加させることが知られた因子だ。マイノリティ集団が日々の暮らしを送るなかで蓄積する重圧は、心臓疾患リスクの評価と対処においてこれまで考慮されてこなかった。

心臓疾患の有病率や発病年齢、（糖尿病、喫煙、肥満などの）リスク因子保有率の上昇は、社会経済的地位や物理的環境、雇用状況、医療ケアへのアクセス、そして社会的支援と関連している。心臓血管系のリスク因子のなかで健康の社会的決定因子が占める割合の大きさは、ほかのほぼすべての医療分野を上回る。この不均衡格差が心臓疾患の差異の大部分を説明づけるのかどうか確認するには、私たちはまず、すべての人に質の高いヘルスケアへのアクセスを確保しなければならない。これは健康の公平性のための責務である。文化に細心の注意を払った心臓の予防的ケア事業と、食料入手と安全性の向上がこれら少数者コミュニティの健康のために必要だ。医療に携わるピープル・オブ・カラー〔people of color：非白人、有色人種〕の増加も、医療従事者間の文化的能力向上につながるかもしれない。私たちは、健康の不均衡に寄与している可能性のある環境的差異、遺伝的差異についての研究を増やす（そして、その研究に基づいて行動を起こす！）必要がある。幸いなことに、米国心臓病学会とアメリカ心臓協会はすでにそのことを認識し、ジェンダー不平等と併せて、これらを中核的使命として掲げるようになった。[*7]

♡

米国において、これまで男性は女性よりも心臓発作で死ぬ確率が高かったが、高齢化が進むにつれ、女性もその割合に追いつきつつあるようだ。女性が心臓疾患に罹患する時期は、男性よりも7年から10年ほど遅い。[*8] 閉経後の時期を迎えるまでの間、エストロゲンが心臓疾患からの保護作用をもたらしていると考えられている（反対に、先述の性差には男性のアンドロゲンによる弊害も一役買っているかもしれない）。それでも、米国で心臓疾患は女性においても主要な死因となっており、1987年以降、1年に心臓疾患全般で死亡する女性は男性より多くなっている。[*9]

心臓発作を起こしたとき、男性は胸の圧迫感という典型的な症状を示しがちな一方、女性は突然の息切れ、消化不良、倦怠感の出現や劇的な悪化、あるいは首、顎、背中の痛みなど、非定型的症状をしばしば呈する。これにより女性の治療開始が遅れることも多く、その結果、女性の心臓発作の予後は悪くなりがちである。女性は男性と同等の治療を受けておらず、入院期間が長く、心臓生還者も少ない。さらに、女性は全体として最初の心臓発作を起こす年齢が男性より高く、心臓発作による死亡率は男性より50％高い。

心臓疾患は毎年、乳がんよりも10倍多くの女性の命を奪っている。その事実にもかかわらず、医師たちが女性患者と心臓疾患のリスクについて話し合う可能性は男性患者との間に比べて少ないことが、研究によって示唆されている。[*10] それゆえ、女性たちはガイドラインに沿った予防的ケアを受ける可能性が低い。少なくとも２つの主要なリスク因子――糖尿病と喫煙――が、男性よりも女性でいっそう心臓発作のリスクを高めるという事実にもかかわらずだ。

♡

近年、自分の先祖や家系への好奇心をもつ人びとが、個々人のＤＮＡの微細な差異を分析し、人種・民族的に継承された遺伝的要素を特定するという家庭用ＤＮＡ検査を受けるようになってきた。近い将来、科学者として研究にも携わる医師たちが、個々人の独自のＤＮＡを分析し、特定の疾患にかかりやすい遺伝的性質（遺伝的感受性）を解読できるようになることだろう。そうした情報を得れば、私たちはどの遺伝的要因、どの環境要因が、心臓疾患リスクにおいてどの程度の役割を果たしているのかをよりよく見極められるようになるだろう。

第27章　アスリートの突然死

心臓疾患の問題とは、しばしば最初の症状が命を奪うという点です。
マイケル・フェルプス（オリンピック米国代表水泳選手）

NBA（全米プロバスケットボール協会）ユタ・ジャズで活躍した「ピストル・ピート」ことピート・マラヴィッチ、ロヨラ・メリーマウント大学のハンク・ギャザーズ、NBAボストン・セルティックスのレジー・ルイス、マラソン選手のライアン・シェイ。これらは皆、悲惨なことに、スポーツ中に予想外の心臓疾患によって亡くなった人びとだ。米国では毎年、13歳から25歳までの男女のアスリート75人ほどが突然死している。[*1] 世界全体で、スポーツ活動中の突然の心臓疾患死はアスリート5万人に1人の割合で毎年発生している。[*2] その死は運動の最中または直後に起こっている。

生まれつき心臓の異常を抱えながらも、その疑いをもたずにいるアスリートたちの心臓は、運動中に突如として細動（心臓が充分に収縮せず、細かく急速な動きを続けて命を脅かす）を起こし、そして拍動を止める。そうなったアスリートたちは倒れ、即座に蘇生を受けなければ分単位の時間のうちに死亡する。アスリートの突然死にかかわる先天性の心臓の異常には、肥大型心筋症（心臓の筋肉がとても分厚い）、冠動脈異常（冠動脈の出発地点や、心筋のなかでの走行経路に異常がある）、不整脈原性右室異形成症やＱＴ延長症候群（いずれも命にかかわる不整脈を引き起こす）などがある。

若いアスリートたちを対象としたスクリーニング検査〔集団のなかから特定の疾患の可能性がある人を見つけだす検査〕は、こうした悲劇の予防に役立つかもしれない。私は光栄なことに「サイモンズ・ハート」という団体に貢献する機会をいただいた。ＱＴ延長症候群による突然死で乳児期の息子を亡くしたフィリス・スドマンとダレン・スドマンによって設立された団体だ。サイモンズ・ハートはこれまでに数千名の高校生アスリートの心臓スクリーニング検査を行い、さらに多くの高校生を対象に、運動選手の突然死と自動体外式除細動器（ＡＥＤ）の使い方についての出張教育を行ってきた。サイモンズ・ハートは若年アスリートの突然死について啓発し、命を救うための、地域および国家レベルでの立法起案活動に取り組んでいる。

♡

若年アスリートの突然死は比較的稀ではあるのだが、心を痛めつけられる出来事だ。私たちは、大多数の人びとにとっては運動が心臓の健康を間違いなく向上させることを覚えておかなければならない。私はいつも担当患者たちにこう伝える。「心臓は筋肉ですから、運動させてやってください」。定期的な有酸素運動は、血圧低下やコレステロール値改善、血糖管理の向上、体重低下、全身性の炎症低下、精神衛生状態の向上など、複数の機構を介して心臓血管系の健康状態を向上させる。運動は心臓と体の動脈系の機能を向上させ、交感神経系を良い方向に調節する（例の「心臓－脳接続」だ）。

では、どれほど運動すればいいのだろう？　米国疾病予防管理センター（CDC）とアメリカ心臓協会による最近の勧告では、「心臓のポンプを活き活きと動かす」運動を1日に30分×週5日、もしくは週に150分以上行うことを勧めている。[*3] 適度な有酸素運動の例としては、速歩きやジョギング、水泳、サイクリングなどがある。テニスやバスケットボール、サッカーなどのスポーツもこれに含まれる。定期的な運動習慣は、心臓を守る上で受けられるどんな医療や薬にも匹敵する。心臓疾患のリスクを最大で50％も低減させてくれるのだ。

第28章 「心臓」という言葉

心臓を指す「heart」の語は、古英語の「heorte」から来ている。この語はゲルマン祖語のhertan-から来ており、その由来はインド・ヨーロッパ語族のkerd-にあり、さらにその由来はギリシャ語のkardiaとラテン語のcorやcord-にある。古英語で「heorte」には複数の意味があった。胸や魂、精神、勇気、記憶、知性などだ（「暗記する」ことを英語で「learn by heart」というのもこのためだ）。

ラテン語の「cor」から来ている英語の「cordial」は、心臓を刺激する強心剤のことを指し、「being cordial」という概念は、心から温かく友好的な態度でいることを示す。同じく「cor」を含む「record（記録する）」の語は、もともと「learn by heart（暗記する）」の意味だったが、その後、もっと物理的な形で情報を保管する種々の方法を指すために使われるようになった。「courage」は当初、「心にある思いをすべて口にして伝えること」を意味していたが、それはかなり昔のことで、後にこの語の意味は狭まって「勇敢さ、勇気」に絞られるようになった。

「heart」の語は時代を経るなかで過剰に多くの意味を担ってきた。私たちの祖先が、心臓は情動を生みだし、勇気を与え、記憶を保持し、魂を収めると信じていたことを考えれば、それも驚く話ではない。

♡

「absence makes the heart grow fonder〔不在によって心の愛しさは募る、会えないほどに恋しさは増す〕」といういい回しは、紀元前1世紀にローマの詩人セクストゥス・プロペルティウスが「常に、そこにいない恋人へと向かう愛の潮流のほうが流れは強い」と書いたことから来ていると考えられている。

「bleeding heart」〔直訳すると「血を流す心臓、血まみれの心臓」〕という表現は、もともと他者の不運に大きな同情を示す人を表していた。この表現は早くも14世紀にはジェフリー・チョーサーによって使われ、イエス・キリストの心臓および貧者と病者のためのイエスの哀悼と結びつけられた。ところが、20世紀までに「bleeding heart」は他者の不幸に過度な同情を示す人に対する蔑称となってしまった。米国人ジャーナリストのウェストブルック・ペグラーが初めてこの用法で「bleeding heart」をもちだしたのは、1938年、ローズヴェルトとトルーマンの両政権を嘲笑する記述でのことだった。この表現は後に、ジョー（ジョセフ）・マッカーシー上院議員によって共産主義者だと疑われた人びとの攻撃〔マッカーシズム〕に用いられ、続いて保守派政治家たちがリベラル派政治家の「bleeding heart」ぶりを批判するのにも使われた。２０１５年、ジャック・ケンプ下院議員の伝記『Jack Kemp: The Bleeding-Heart Conservative Who Changed America〔ジャック・ケンプ――アメリカを変えた bleeding-heart の保守派〕』〔Morton Kondracke と Fred Barnes の共著。Sentinel 刊〕によって、この表現は誰にでも使えるものへと一般化された。また、ハート型の花がいくつも垂れ下がるように咲くコマクサ属の植物も「bleeding heart」とよばれる。

「From the bottom of one's heart〔心の底から〕」という表現は、心の最も奥深くに根を下ろした感情、最も深い誠意を込めることを意味しており、１５４５年に聖公会祈祷書に初めて記録された。「Be content to forgive from the bottom of the heart all that the other hath trespassed against him〔それまでに彼（病人）に対して罪を犯したすべての者たちを喜んで許しなさい〕」。その表現の由来は、ウェルギリウス〔古代ローマの詩人〕の叙事詩『アエネーイス』（紀元前29年～紀元前19年）にさかのぼるかもしれない。ウェルギリウスにとって、心臓は思考と情動の座であった。最も奥深く深遠な感覚は、心臓の最深部に存在するものであった。『アエネーイス』にはこうある。「そして、アエネーアース〔主人公の英雄〕は実に深いため息を漏らす。心底からのため息である」。そして後に、「彼の声は発せられる、苦慮の重みで病みながら、彼は外見には希望を装い、その痛みを心の奥深くに押し隠す」。

シェイクスピアは『ヘンリー六世』第二部（1591年）と『ヴェニスの商人』（1599年）の両方で「to your heart's content〔心ゆくまで〕」とのいい回しを初めて使った。シェイクスピアが『オセロ』（1604年）で用いた「heart on your sleeve」も、「Wearing your heart on your sleeve」〔直訳すると「袖に自分の心をつける」。「本心を包み隠さずに示す」の意〕というかたちで今も使われる。この表現はもともと、女性のために馬上槍試合で戦う騎士が、彼女からもらったリボンを腕に結び、彼女の心を携えながら戦っていることを当人に示す様子を指した。

「Warming the cockles of one's heart〔心を和ませる〕」は、人に幸福や安堵を与え、温かな気もちをよび起こすことを意味する。このいい回しの起源は1600年代中盤までさかのぼる。当時、科学的な文書はしばしばラテン語で書かれていた。ラテン語の「cochleae cordis」は「心臓の空洞（心室）」という意味だが、一説にはこの「cochleae」が英語の「cockles」〔ザルガイ科の貝〕に転じたとされる。誤りだったかもしれないし、冗談だったかもしれないが、ともかくそれが定着したというのだ。別の説は、ザルガイ（二枚貝である）が実際に心臓のような形をしている事実をあげる。さらに別の説をあげよう。中世ヨーロッパでは、胸の痛みに対する手当ての一つが、牛乳で煮たザルガイを食べることだった。つまり、「cockles」を温めることで人の心（心臓）は幸せになったのだ。

子供が嘘をついていないことを誓う約束の言葉、「Cross my heart and hope to die, stick a needle in my eye」〔「心臓に十字を切って、（もしこれが嘘だったら）死ぬことを願います。その時は目に針を1本刺してください」〕が初めて登場したのは1800年代後半のことで、十字を切るしるしを元にした宗教的な誓いとして始まった。カトリックの子どもたちは、自分のいったことが本当だと誓うときに、自分の心臓のあたりに手でバツ印を描き（十字架のしるし）、それから上空（神）を指差したものだ。

♡

初めて「heart disease（心臓疾患）」という表現が使われたのは1830年、「heart attack（心臓発作）」は1836年、「heart beat（心拍）」は1850年だった。ほかにも、「heartfelt（心に深く触れる、誠意のこもった）」、「heartwarming（心温まる）」、「heavy heart（重い心もち）」、「heartstrings」〔直訳すると「心の絃」。深い愛情や同情のこと〕、「heart's desire（心からの望み）」、「heartache（心痛）」、「heartthrob（心臓をドキドキさせるような憧れの美男子）」、「sweetheart（愛しい人、優しい人）」、「heart and soul（誠心誠意、全身全霊）」など、心臓関係の慣用句が年月を経て新造されてきた。

心臓（heart）を扱ったいい回しはさらに広がっていく。「take it to heart（批判を真剣に受け止める〔それにより落ち込んだり動揺したりすることも含む〕)」、「with all one's heart（心を込めて）」、「to get to the heart of something（物事の核心に踏み込む）」。「a hole in one's heart（心にぽっかりと空いた穴）」、「have a change of heart（心変わりする）」、「eat your heart out」〔直訳すると「自分の心を食い尽くせ」。「ざまあみろ」「羨ましいでしょう」「存分に悔しがるがいい」などの意で使われる〕、「have a heart of gold」〔直訳すると「黄金の心をもつ」。寛大で誠実な心をもつこと〕、「have a heart of stone」〔直訳すると「石の心をもつ」。冷酷であること〕、「feel in one's heart of hearts（心の奥底で密かに感じる）」など。そして、こんな描写をされたらどの食事も食べる気が失せる、もっと最近のいい回しも忘れずにいこう――「heart attack on a plate」〔直訳すると「皿に載せた心臓発作」。脂や塩分などを多く含む、心臓に悪そうな食べ物のたとえ〕だ。

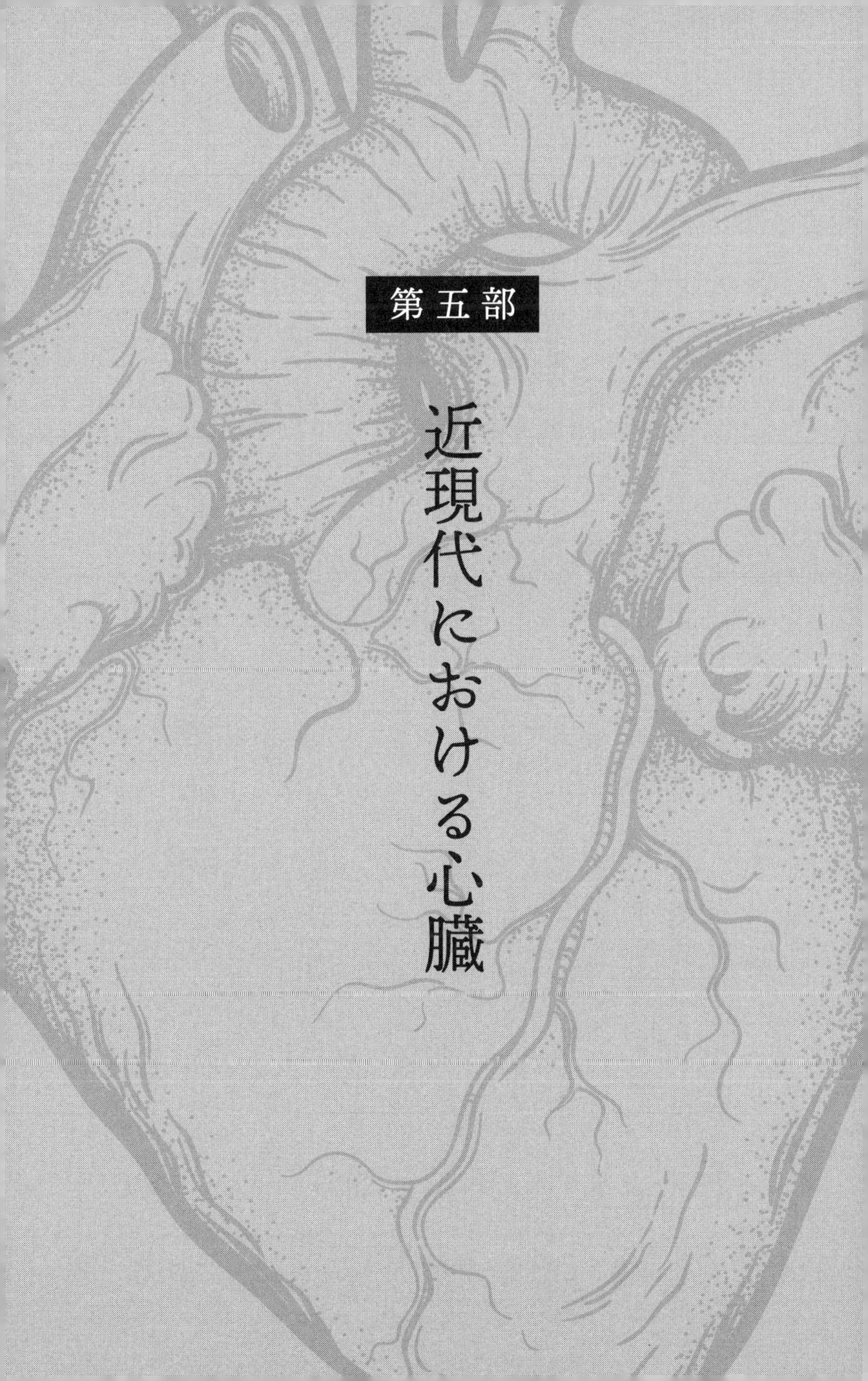

第五部

近現代における心臓

第29章　啓蒙思想と進化論

頭の知恵というものもあれば、心の知恵というものもある。
チャールズ・ディケンズ、1854年

17世紀中盤から19世紀にかけて、啓蒙思想と、心臓および循環器系のはたらきについての知識、各種心臓疾患の認識、そしてそれらの診断治療法における変革が、産業の機械化における革命と時を同じくして進展した。

英国の医師トーマス・ウィリスは解剖学的探究を通じ、1664年に脳の個々の部位に対するさまざまな行動学的・生理学的機能の対応づけを行った。[*1]彼の理論は神経学分野の基盤をつくり、知性の中心としての脳の地位を確立した。ほかの器官に対する脳の優越性は確固たるものとなった。心臓は啓蒙主義運動（17～18世紀）の間と革命の時代（18～19世紀）において、機械的なポンプと大差ないものとして見られはじめていた。

数千年単位での憶測の後、1661年にマルチェロ・マルピーギによって動脈樹と静脈樹の間をつなぐ毛細血管の存在がついに立証された。[*2] ハーヴェイがポンプとしてはたらく心臓と血液循環についての歴史的著作を発表したのと同じ年に生まれたイタリア人科学者のマルピーギは、顕微鏡という新装置を使ってカエルの肺の動脈と静脈を詳しく調べた。彼は、毛細血管が一番小さな動脈群（細動脈）を一番小さな静脈群（細静脈）へとつないでいることを観察した。毛細血管の壁はわずか細胞1個分の厚みしかなく、そんな血管がありとあらゆるところに張り巡らされていた。体内のどの細胞も、毛細血管から20マイクロメートル（髪の毛の直径の3分の1ほど）と離れてはいない。

リチャード・ロウアー（血液が肺循環によって酸素を受け取ることを最初に知った人物とされる）は、1669年に2頭のイヌの動脈をガチョウの羽根の軸で接続して初めての輸血を行った。彼は後に同じことを、「おとなしい」子ヒツジと、精神的に不安定だったアーサー・コガという男性の間でも行った。[*3] コガはこの輸血を経ても生存し、20シリングの金銭を受け取ったが（彼はそれを飲み代に使ってしまった）、精神疾患は改善しなかった。輸血の研究はその後100年間滞った。

フランスの解剖学教授、レーモン・ド・ヴィユサンスは、1706年に『Nouvelles Découvertes sur le Coeur（心臓の新発見）』を出版し、心臓の血管——冠動脈と冠静脈——の詳細な解剖図を示した。[*4] 1715年の『Traité Nouveau de la Structure et des Causes du

Mouvement Naturel du Coeur（心臓の構造とその生来の運動の原因についての専門書）』で、ヴィユサンスは心臓を包む袋である心膜と、心臓の筋繊維の向き（ガレノスはその1500年前に心筋繊維に3つの方向があることを観察していた）のことを詳細に記載した。ヴィユサンスはまた、僧帽弁狭窄症（心臓の弁が狭まる）と大動脈弁逆流症（弁の閉まりが悪く漏れが生じる）の患者の初の臨床所見と剖検結果の記載も行った。

心臓と循環器系は、今や医師と科学者の扱う領域となっていた。だが、そうなってもなお、心臓疾患は非常に稀なものだという思い込みがあった。1751年から刊行された『Encyclopédie（百科全書）』で、ドゥニ・ディドロとジャン・ル・ロン・ダランベールはこう書いている。「一般的にいって、心臓の疾患は稀であるといえる」。大プリニウスが紀元1世紀に「心臓は疾患が触れることのできない唯一の内臓であり、生の苦しみを長引かせない唯一の内臓である」と書いたときから、認識はたいして変わっていなかった。だが、この考え方も革命の時代には変わりはじめる。19世紀の医師たちは胸の痛みを心臓と関連するもの、そして命を終えてしまうものとみなしはじめた。人びとが長生きするにつれ、心臓の痛みはよりありふれたものとなった。1800年より前の米国の平均寿命は30年未満だったが、1917年までに54年へと延びた——ちなみに、2019年には79年だった。[*5]

こうして幻想が解け、心臓もまた病に冒される器官なのだと知られるようになっても、愛の象徴としての心臓は文学、音楽、そして日々の生活のなかで用いられ続けた。最初のバレンタインカード〔第16章参照〕が登場したのは1700年代のことで、そこにもハートの印が並んでいた。

♡

1733年、イングランドの聖職者であり科学者だったスティーヴン・ヘイルズは、細い真鍮のパイプとガラス管を動脈に挿入し、垂直に立てたガラス管のなかを血液がどこまで上昇するか測定することで、複数の動物種での血圧測定を行った。著書『Statical Essays: Containing Haemastaticks, or an Account of Some Hydraulick and Hydrostatical Experiments Made on the Blood and Blood Vessels of Animals』で、ヘイルズは初めての血圧測定のことをこう記述した。

私は牝馬を生きたまま横たえて縛りつけさせた。この牝馬は体高14ハンド〔約140センチメートル〕、年齢はおよそ14歳で、鬐甲（きこう）〔首のつけ根にある両肩甲骨間の隆起〕には瘻管（ろうかん）があり〔鬐甲瘻〕、きわめて痩せているわけでもなければ、きわめて壮健というわけでもなかった。彼女の腹から大腿動脈を3インチほど〔約8センチメートル〕引きだしておいたところで、私はそこに内径6分の1インチ〔約4ミリメートル〕の真鍮パイプを挿入した。そして、それにぴったりとはまるもう1本の真鍮パイプを用いて、そこにほぼ同じ直径のガラス管を取りつけた。ガラス管の長さは9フィート〔約2.7メートル〕であった。その後、動脈を止血していた結紮糸を解くと、血液は心臓の左心室の高さから比べて8フィート3インチ〔約2.5メートル〕鉛直方向にガラス管を上った。しかし、一気にその全高に達したのではなかった（中略）。血液の高さは最大に達したときにも、毎回の脈拍のときとその後に、2インチ、3インチ、あるいは4インチ上下するのだった。

ここからヒトの血圧が正確かつ日常的に測定できるようになるまでには、さらに163年かかった。

♡

心臓に耳を傾ける行為は少なくとも古代エジプト人たちの時代にさかのぼる。ヒポクラテスは患者の胸に耳を当てて心臓と肺の音を識別することを書き記している（直接聴診）。[*6] ある症例で、彼は死にゆく患者の体内に「酢の煮立つような」音を聞いたことを報告している。これは今の私たちには急性うっ血性心不全だとわかる疾患の典型的な描写だ。それから千年以上後、ハーヴェイは心臓の音を、やはり直接聴診法を用いて聞き、それを「水車ふいご〔※〕が水を揚げるときのカツカツという2つの音」〔※水車を使って2つのふいごを交互に押し縮めることで連続送風を行う〕と描写した。患者の胸に耳を当てる慣習は、1816年にルネ＝テオフィル＝ヤサント・ラエンネック（1781年～1826年）が聴診器を発明するまで続いた。[*7] ラエンネックはルーヴル美術館の中庭で丸太を使って遊んでいる子どもたちを見たことがあった。丸太の片方の端に耳を当て、反対側の端を針で引っかくと、その音が丸太を伝わり増幅されるのだった。生涯を通じてフルートを演奏し、音楽的な耳をもっていたラエンネックは、この様子に着想を得た。彼は自ら著した専門書『De l'Auscultation Médiate〔間接聴診に関する論考〕』（1819年）にこう書いている。

1816年、私は病を患った心臓がもたらす全身症状に苦しむ若い女性から診察の相談を受けたのだが、その症例において打診〔体表を指で叩いて体内の様子を探る診察法〕と手を当てての診察は重度の肥満のためほとんど無益であった。先述したもう一つの方法〔直接聴診法〕は患者の年齢と性別により受け入れがたいものとなっていたなか、私は音響学における単純かつ周知の事実を思いだすこととなった（中略）木材の一端を針で引っかく音が、もう一端に耳を当てたときにはおおいに明瞭に聞き取れるのである。この案を得て、私はただちにひと束の紙を丸めて一種の円筒形とし、その一端を心臓の領域に、もう一端を自分の耳に当て、そして、これにより私がかつて耳を直接当てることで感じ取れていたのよりもずっと明快かつ明瞭なかたちで心臓の動作を知覚できると気づき、少なからず驚き満足したのである。

18世紀から19世紀の医師や科学者たちは、水腫〔柔らかい組織――とくに脚――が、体液の蓄積によってむくんだ状態を指した言葉。今ではうっ血性心不全による「浮腫」とよばれる〕など、いくつかの種類の心臓疾患に対する治療法を開発しはじめていた。イギリスの医師であり植物学者のウィリアム・ウィザリング（1741年〜1799年）は、水腫に用いられていた民間療法薬の評価を行った。その民間薬は20種類以上の薬草でできていた。ウィザリングはその活性成分（有効成分）がジギタリス（キツネノテブクロ）であることを突き止めた。気の毒なことに、彼は自分の患者たちを使ってジギタリスを試し、この薬が水腫のむくみを減らすのに役立つことを見いだした。『An Account of the Foxglove and Some of Its Medical Uses〔キツネノテブクロとその医学的用途の一部についての記述〕』（1785年）は、ある植物が治療――この場合は心不全の治療――の目的にどう使えるかを初めて体系的に記述した書物となった。

♡

19世紀が始まるまでに、医師たちは心臓も機能不全を起こすこと、そして身体の診察が心臓の不調を診察するのに役立ちうることを理解しはじめていた。医師であり科学者でもあった人びとは、神秘性を取り除かれた心臓に関連する疾患に名前をつけはじめた。狭心症（胸や心臓の痛み）、心内膜炎（心臓やその弁の感染症）、心筋心膜炎（心臓を包む膜の炎症）、そして心筋梗塞（心臓発作）。「arteriosclerosis〔動脈硬化〕」という用語（ギリシャ語で動脈を指すarteriaと硬くなることを表すsclerosisが語源だ）が初めて使われたのは１８３３年、〔ドイツ出身の〕フランス人病理学者のジャン・ロブシュタインによって、加齢に伴い動脈の内壁に脂肪堆積物が溜まって石灰化し、動脈が詰まって硬くなる状態を表すのに用いられた。

ウィリアム・ヘバーデンは、身体運動に反応して胸の強烈な圧迫感に苦しめられた男性患者の症例を記載した論文を１７６８年にロンドンの英国王立内科医協会に提出した。[*8] この痛みは休息によって緩和された。ヘバーデンはこの状態を「angina pectoris」とよんだ。締め上げることを指すギリシャ語の「ankhone」と、胸を指すラテン語の「pectus」がその由来だ。特筆に値するのは、ヘバーデンが当初はこの病気（狭心症）を誤診し、心臓ではなく胃潰瘍からくる痛みだと判断していたことだ。ヘバーデンは、これが悪化すれば患者が突然意識を失って死ぬ可能性もあることには正しく気づいていた。

サー・トーマス・ローダー・ブラントンによって亜硝酸アミルが狭心症の治療薬となることが発見されるのは、それから40年も経ってからのことだった。亜硝酸アミルはシアン化物（青酸化合物）中毒の応急処置としても使われており、また、ディーゼル燃料の添加物としても使われ、着火を促進する役割を担った。亜硝酸アミルは胸の痛みをうまく和らげてくれた――ただし、それに伴ってズキズキとした拍動性の頭痛が起こった。ブラントンは後に亜硝酸アミルと似た化合物であるニトログリセリンを試し、心臓の痛みを減らすのにさらに有効であることを見いだした。ニトログリセリンとはそう、ダイナマイトの成分である。

アフリカ系米国人外科医でスコットランド、アイルランド、ショーニー族〔北米の先住民族〕にもルーツをもつダニエル・ヘイル・ウィリアムズは、1891年にイリノイ州クック郡にプロヴィデント病院を設立したが、これは黒人の医師・看護師たちのために人種統合を果たした〔人種による就労拒否や差別待遇を行わない〕米国初の病院であった。患者であふれかえる慈善病院以外の医療の選択肢をアフリカ系米国人たちに与えたことで、プロヴィデント病院はフレデリック・ダグラス〔元奴隷の政治家、活動家〕にも強く支持された。1893年に喧嘩で胸を刺された男性の傷を切開した際、心臓を詳しく調べることができたウィリアムズは、心膜（心臓を包む膜）の傷を腸線〔カットグット：動物の腸でつくられた糸〕で縫い合わせた。[*9] これが心臓手術の始まりを記録するものとなった。その2年前には別の外科医、ヘンリー・C・ダルトンも、アラバマ州で刺し傷を受けた患者に類似の手術を施していたが、その業績が発表されたのはウィリアムズの論文がでた後だった。これらは心筋そのものに施された手術ではなく、その周りを囲む心膜に対してのものではあったが、心臓手術という新時代の幕開けだった。

心臓本体に行われる本当の心臓手術が初めて実施されたのは、ウィリアムズによる心膜縫合手術から3年後の1896年のことである。このとき、ドイツのフランクフルトの外科医ルートヴィッヒ・レーンは、公園を歩いていた際に心臓を刺された22歳の庭師の心筋に自らの指を差し入れた。

「指の圧で出血を抑制したものの、心臓の急速な拍動によって私の指は滑り落ちがちだった。心臓の収縮は私の接触による影響を受けていなかった」。彼は心臓に空いた穴を腸線の縫合糸で縫い合わせることに成功した。「縫合の第1針が血液の流れを食い止め止血した。第2針の縫合は第1針の把持力によりおおいに容易となった。針を刺入して引き抜くたび、拡張期に休止する［拍動を止める］心臓を目にするのはたいへん不安になるものだった。第3針の縫合の後、血液の流出は完全に止まった。心臓は1度ぎこちなく拍動した後、力強い収縮を取り戻して、われわれは安堵のため息をついたのだった」。[*10]

この患者は初の心筋縫合術を受けて生還し、こうして心臓手術の領域が公式に誕生したのであった。

♡

フランス革命（1789年～1799年）の最中、フランス王ルイ14世のミイラ化した心臓が盗まれた。この心臓は最終的に、イングランド・オックスフォードシャーのニューナム・ハウスの邸宅を受け継いだハーコート卿の手中に収まった。1848年のある晩餐会で、ハーコート卿はクルミ大のその心臓を来賓の間に回し、人びとがそれをためつすがめつ見入るのに任せた。

博識家であり、地質学、古生物学、神学の専門知識で知られたウェストミンスター首席司祭、ウィリアム・バックランドも、この晩餐会の客の一人だった。バックランドは過去の生態系を再現する上で化石化した糞便を手がかりとした先駆者で、その過程で「coprolite（糞石）」という用語も考案した。バックランドはアカデミックガウン〔大学の在校生・卒業生などが着用する式服。バックランドはオックスフォード大学の修士号取得者のガウンをまとっていた〕を身につけて地質学を研究し、芝居役者のような話しぶりで——ときには馬に跨って——講義を行うことで知られていた。

ウィリアム・バックランドの家は標本で満ちあふれていた——動物標本もあれば鉱物標本もあり、生体もあれば死体もあった。彼の究極の目標は地上のありとあらゆる動物を味わうことであり、彼はもっぱら動物のみを食べる動物食生活を送ることで有名だった。彼はヒョウ、ワニ、ネズミといった珍味を客に振るまうことでも知られていた。ハーコート卿の晩餐会でルイ14世の心臓を手渡された後、バックランドはこう歓喜の叫びを上げた。「これまでにたくさんの変わったものを食べてきたが、王の心臓を食べたことはまだなかった」。そして誰かが止める間もなく、彼はその心臓を口のなかに放り込んでしまったのだった。[*11]

アテネの乙女よ、別れの前に
返しておくれ、ああ私の心臓を返しておくれ！
いや、すでに私の胸を離れてしまったのだから
もうもっていておくれ、そして残りももっていっておくれ！
私が去る前にこの誓いを聞いておくれ、
Ζωή μου, σᾶς ἀγαπῶ.〔我が命よ、愛している〕

バイロン男爵、1810年

♡

バイロン男爵〔詩人のジョージ・ゴードン・バイロン〕の親しい友人であった詩人のパーシー・ビッシュ・シェリー（作品に「オジマンディアス」や「西風の賦」〔最終節の「If winter comes, can spring be far behind?（冬来りなば春遠からじ）」がよく知られる〕など）は、わずか29歳の若さで溺死した。1822年、彼の乗っていた小型船ドン・ジュアン号（*Don Juan*：バイロンの詩にちなんだ名）が嵐に巻き込まれたのだった〔*Don Juan* の名は友人のエドワード・ジョン・トレローニーとバイロンの提案によるもの。シェリー本人はこの船を「エアリアル号（*Ariel*）」と命名し、これがバイロンとシェリーの仲違いにつながったという〕。遺体は10日後に発見され、服のポケットに入っていたジョン・キーツ〔同時代の詩人。前年に

結核で死去）の詩集から身元が判明した。浜辺で薪を使った火葬を行う間、シェリーの心臓は燃やされることを拒んだ（一説では、心臓を包む心膜が過去の結核により石灰化していたため）。彼の友人のエドワード・ジョン・トレローニーが薪の上からその心臓を取り除き、シェリーの後妻で『フランケンシュタイン』の作者のメアリーに渡した。メアリー・シェリーはその心臓を滑らかな埋葬布（シュラウド）に包み、自身が死ぬまでもち歩いたという。[*12] メアリーの死後、夫の心臓は彼の遺作となった詩の一つ「アドネイス」のページに包まれた状態で見つかった。心臓は遺族の元に置かれた後、１８８９年に夫婦の息子パーシー・フローレンス・シェリーと共に埋葬された。パーシー・ビッシュ・シェリーの墓石には「Cor Cordium（心のなかの心）」と刻まれている。

第30章 20世紀と心臓疾患

人生においては時に、言葉とよばれる例の記号では完全には説明しえない、あの筆舌に尽くしがたい充足の瞬間がある。それらの意味を明瞭に説明しうるのは、聞き取ることのできない心臓の言語によってのみである。

マーティン・ルーサー・キング・ジュニア

最良の頭の思慮分別は、しばしば最良の心のしなやかな優しさに打ち負かされる。

ウィンストン・チャーチル

20世紀に入ってもなお、心臓は私たちの感情面、精神面の活動を象徴するのに最適の存在のままだった。それでも、科学と医学はもはや思考や情熱、理性を脳に位置づけて揺るぎなかった。1871年までにチャールズ・ダーウィンは脳を「すべての器官で最も重要なもの」とよんでいたが、それでも私たちは20世紀になお――比喩的な意味で――「傷ついた心」を抱えることがあった。「本心を露わにする」こともあった。たいへんな人生の決断をするときには、私たちは「心の声」に従った。だが、心臓をある人から別の人へと移植できるのであれば、魂が心臓にあるはずはないだろうと思われた。進歩を続けていた人体や脳、心臓への理解は、自分たちの心臓に対する私たちの考え方を永久に変えてしまったかのようだった。心臓は物理的にはただのポンプ――重要なポンプではあるが――であり、情動や良心、知性、記憶の座ではないのだった。

１９００年には米国での死因の第1位は肺炎だった。心臓疾患は、結核と下痢に次ぐ第4位だった。だが１９０９年までに心臓疾患は米国人の死因の第1位になり、今に至るまでそのままである（スペイン風邪が大流行した１９１８年～１９２０年を除く）。[*1] 公衆衛生、保健学、医学的処置（抗生物質）の進歩は、感染症による死者数の減少につながった。同時に平均寿命も延びた。心臓疾患やがんなど、慢性疾患が上位の死因となった。米国での喫煙率上昇（１９００年には５％未満だったが１９６５年には42％になっていた）ならびに加工食品の増加、飽和脂肪酸の摂取量増加、自動車の利用増加に伴う身体運動の減少などに多少なりとも影響を受け、心臓疾患死は増加の一途をたどり、１９５０年代から１９６０年代にピークに達した。[*2]

米国議会は１９４８年に国家心臓法（National Heart Act）の法案を可決した。この法律は「国の健康が心臓および循環器の疾患によって深刻に脅かされる」ことを宣言するものだった。法案に署名して法律として成立させる際、ハリー・S・トルーマン大統領は心臓疾患を「われわれに

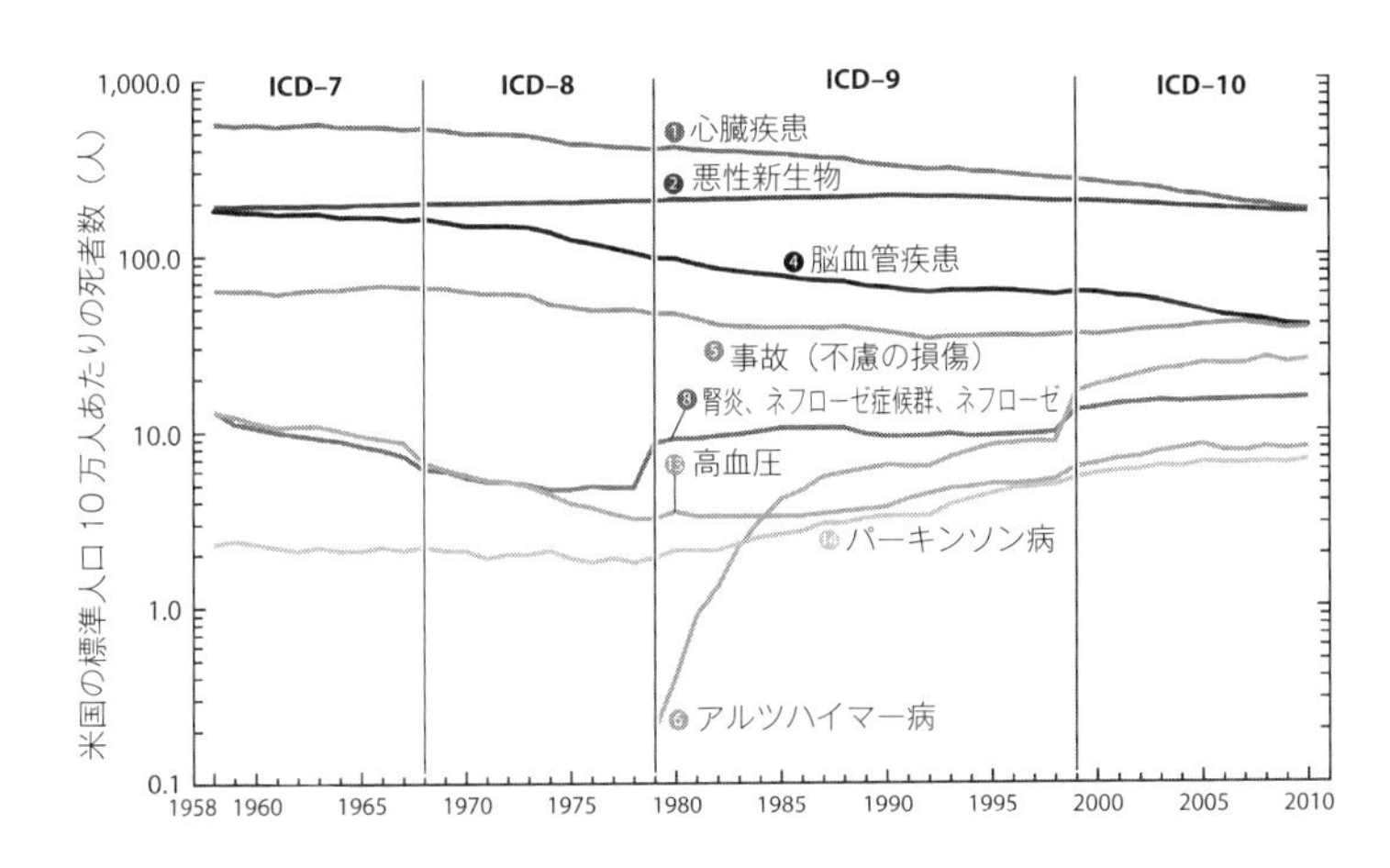

図 30.1　年齢による補正を加えた，特定の死因による死亡率のグラフ（米国，1958 年～2010 年）

「ICD」は国際疾病分類（International Classification of Diseases）の略．丸囲みの数字は 2010 年の主要な死因の順位を示す．（出典：CDC/NCHS, National Vital Statistics, Mortality）

とって最も大きく立ちはだかる公衆の健康問題」とよんだ。国家心臓法によって米国国立心臓研究所がつくられ（現在の米国国立心肺血液研究所）、国立衛生研究所の一部門とされた。

社会啓発キャンペーンは喫煙率低下、そして高血圧と高コレステロール値によってもたらされる影響への認知向上に役立った。内科医たちと科学者たちは、心臓疾患に対するより有効な治療法を開発した。1958年から2010年までの間に、心臓疾患による死亡率は1950年代から1960年代のピーク時から低下を迎えていた（図30・1）。[*3] しかしながら、心臓疾患はなおも米国と世界全体での死因第1位のままだ。参考までに、2022年7月の時点で、新型コロナウイルス感染症（COVID-19）によって亡くなった人は世界全体で630万人に達しているが、心臓循環器系の疾患で亡くなった人は2021年の1年間だけでおよそ1800万人もいた。

♡

心臓疾患とその治しかたについての理解は20世紀に大きな飛躍を迎えた。[*4] 1899年、シカゴの病理学者ルドヴィグ・ヘクトエンが、冠動脈内にアテローム性動脈硬化のプラークが蓄積することで心臓発作が引き起こされるのではないかと提唱した。1912年にはヘクトエンの同僚で内科医のジェイムズ・B・ヘリックが「Clinical Features of Sudden Obstruction of the Coronary Arteries〔急性冠動脈閉塞の臨床的特徴〕」という題の画期的な論文を発表した。この論文は、心臓発作は冠動脈内に蓄積しすぎたアテローム性動脈硬化のプラークが血管をだんだんと詰まらせることから生じるのではなく、アテローム性動脈硬化を起こしている冠動脈内での血液凝固（血栓症）からくるもの——心筋へと向かう血流を血栓が急激に塞いでしまうため——だと提唱していた。特筆すべきことに、この発見は同時期にキエフ〔現在のウクライナのキーウ〕でオブラストゾフとストラジェスコによっても行われていた。[*5]

こうして心筋梗塞の原因についての大きな見識が得られたにもかかわらず、その仮説は医学界の主流派から70年近くも無視された。１９８０年、〔米国ワシントン州〕スポーケンの医師マーカス・ディウッドは、自身の担当した心臓発作患者３２２人についての報告論文を発表した。ディウッドはこの患者たちが心筋梗塞を起こしてから24時間以内に冠動脈へカテーテルを到達させ、造影剤を注入しながらX線でレントゲン写真を撮影した。彼は血栓が心臓発作を引き起こしたことを示した。残念なことに、心臓発作に対する当時の処置といえばモルヒネ、ベッドでの安静、そして祈ることだけだった。血栓が解消されなければ、その先にある心筋は壊死した（梗塞）。バルーン血管形成術は当時まだ発明されたばかりで、広く使用されるには至っていなかった。血栓溶解薬が使えるようになるのも１９９０年代に入ってからだった。

ドイツの心臓専門医アンドレアス・グリュンツィヒは、１９７７年に冠動脈カテーテルの先に瞬間接着剤で取りつけた自家製の風船（台所でつくったもの）を使って、塞がった冠動脈に対するバルーン血管形成術を初めて実施した。「angioplasty（血管形成術）」という語は、ギリシャ語で血管を指す「angeion」と、かたちづくられることを表す「plastos」から来ている。バルーン血管形成術は冠動脈バイパス移植手術（ＣＡＢＧ：coronary artery bypass graft surgery。第32章参照）に代わる手術以外の代替案として瞬く間に人気を集め、とくにステント（バルーンにより拡張された動脈が再び閉じてしまうことを防ぐ、金網のような素材でできた極小の筒）が追加で導入されてからはその勢いが増した。１９９０年までに、バルーン血管形成術とステント留置術は冠動脈バイパス移植手術よりも一般的なものとなっていた。21世紀初頭には、ステントに動脈内での瘢痕（はんこん）組織〔傷跡にできる盛り上がった組織〕形成を防ぐ薬剤が塗布されるようになった。コーティングに使われた最初の薬剤はラパマイシンという抗生物質で、細胞分裂を止めるはたらきがあった。この薬はイースター島の土のカビから発見されたものだ。

グリュンツィヒがカテーテルの先に接着したバルーンで狭窄した冠動脈を押し広げる前には、大胆にもカテーテルをヒトの心臓へ到達させることに初めて挑戦した人物がいたはずだ。その任務を担ったのはドイツの医師、ヴェルナー・フォルスマンで、彼はこの世界初のヒト心臓カテーテル術を……なんと自分自身に対して行ったのだった。心臓カテーテルの技術そのものは1844年にフランスの内科医クロード・ベルナールによって開発された。ベルナールはカテーテルを使って動物の心内圧を記録し、心臓カテーテル法（cardiac catheterization）という用語を新造した。1929年、フォルスマンは同僚たちからの忠告に逆らい、手術室の看護師だったゲルダ・ディッツェンを説得して、滅菌済みの器具の調達と処置の補助をしてもらう約束を取りつけた。ディッツェンは彼女自身が心臓カテーテル手術を受けるという条件つきで承諾していた。フォルスマンはそれに同意を示し、ディッツェンを手術台に拘束するが早いか、彼女ではなく自分の腕に麻酔をかけ、肘正中静脈――肘の正面にある溝のなかを走る太い静脈――に尿管カテーテルを挿入して心臓まで押し込んだ。続いて、彼はディッツェンを起き上がらせ、彼女を連れてX線科へ歩いていき、そこでさらにカテーテルを押し込んで右心室へと到達させると、確認のためのレントゲン写真を撮影したのだった。フォルスマンは褒賞を受ける代わりに懲罰を受けて心臓科を追放され、その後は転じて泌尿器科に移ることとなった。彼が最終的にノーベル賞を受賞したのは27年後の1956年で、ニューヨークで医師兼科学者として研究を行っていたアンドレ・クールナンとディキンソン・リチャーズが、それまで人目にもつかず嘲笑されていた、この件についてのフォルスマンの論文を見つけだし、心内圧、血流、そして心腔の画像を記録する目的で心臓カテーテル術を発展させてからのことだった。

こうして、心臓にカテーテルを挿入し、造影剤を注入し、心腔を写真に撮って可視化できるようになった。だが、冠動脈の画像化についてはどうだろうか？　初の冠動脈造影は、〔米国オハイオ州〕クリーヴランド・クリニックに在籍していたフランク・メイソン・ソーンズが実施したのだが……それは事故による偶然だった。ソーンズは1958年、リウマチ性心弁膜症を抱える26歳の男性患者に心臓カテーテルを使った造影術を行おうとしていた。ソーンズが患者の左心室の造影図を撮影しようと準備していたそのとき、造影剤を注入しようとしていたカテーテルの先端が偶発的にずれ、はずみで右の冠動脈へと入り込んでしまった。「彼を死なせてしまった！」と叫ぶソーンズ。心臓は止まった……が、患者が繰り返し大きな咳をした後に再び動きだした。こうして冠動脈造影の時代が始まった。

続くカテーテルやレントゲン撮影、造影剤の調整・改良により、冠動脈造影はより安全なものとなり、素早く世界中に広まった（図30・2）。グリュンツィヒがカテーテルの先に接着剤で取

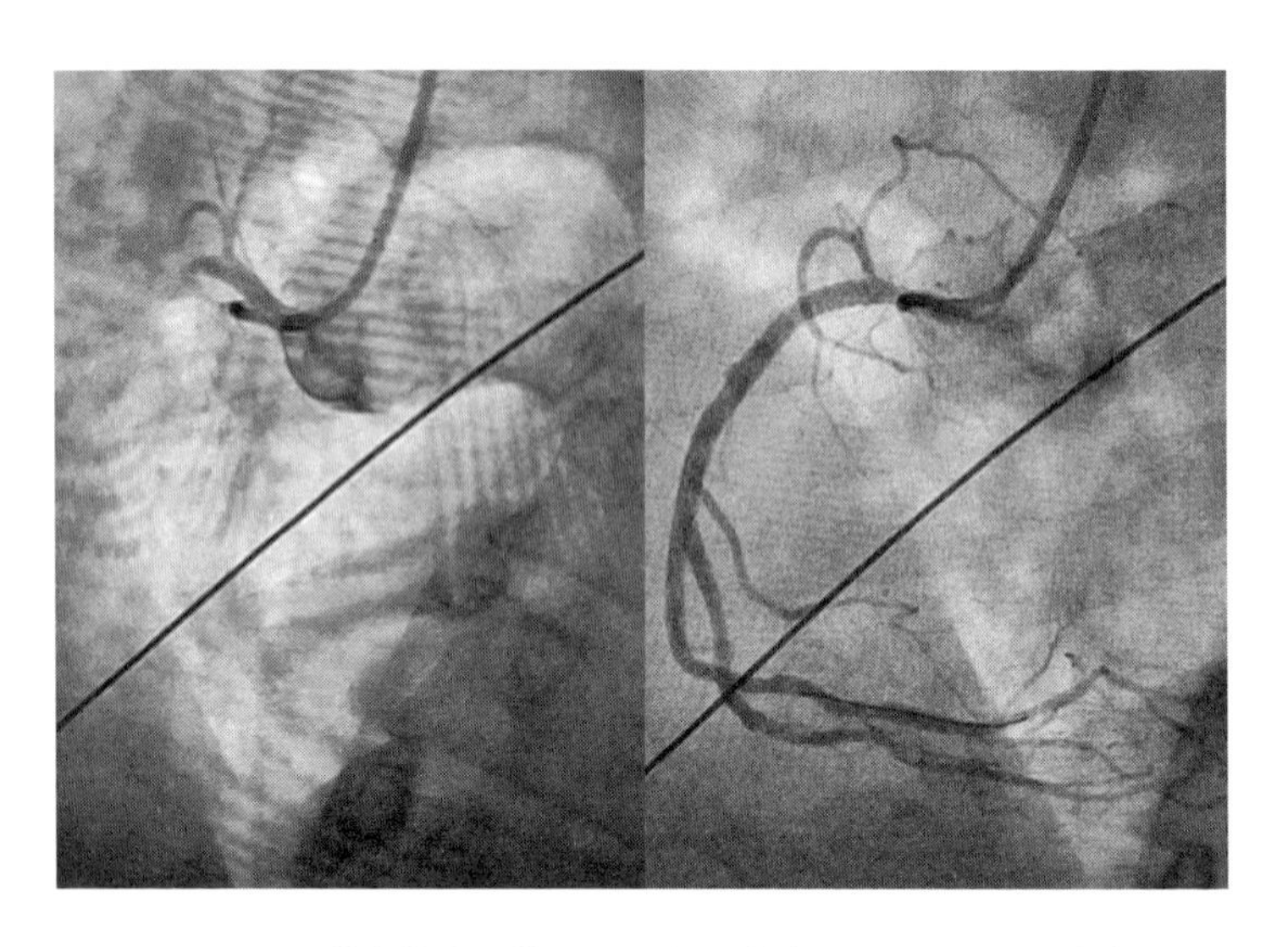

図 30.2 心臓発作時に施行した右冠動脈バルーン血管形成術の前後の冠動脈造影

（出典：著者提供写真）

りつけた風船を使って冠動脈の詰まりを解消することで、さらに次の一歩を踏みだした。グリュンツィヒは栄光の配管技師だったのだ。この時までに心臓はその神秘性を失っていた。心臓は今やただの機械となり、医者はその詰まったパイプを直してポンプを再び動かせるようになった。今では年に１００万件以上の心臓カテーテル術が実施されている。そして、「カテ」で何らかの冠動脈疾患が見つかれば、その患者は「１日１錠のアスピリン」の服用をはじめるのだ。

第31章　アスピリン

この世の大抵のものには効果がないが、アスピリンは効く。

カート・ヴォネガット

楔形文字の石板（紀元前3500年）にもエーベルス・パピルス（紀元前1550年）にも、古代シュメール人と古代エジプト人が痛みを治すためにヤナギとマートルの葉——サリチル酸（ラテン語でヤナギを表す *Salix* が命名の由来だ）を含む——を使っていたことが記録されている。ヒポクラテス（紀元前400年）はヤナギの樹皮からつくった茶で熱を下げていた。ガレノスが褒めちぎり、中国やアメリカ先住民、アフリカの文化でも使われてきたヤナギの樹皮は、中世から19世紀まで痛みと熱を和らげる薬として使われた。[*1]

1853年にアセチルサリチル酸の合成を初めて行ったのはシャルル・フレデリック・ジェラール（ゲアハルト）だ。医薬品・染料会社のバイエルは1899年にアセチルサリチル酸に「アスピリン（Aspirin）」の商品名をつけて世界中に売りだした〔1897年、同社の研究員だったフェリックス・ホフマンが独自にアセチルサリチル酸の合成に至っていた〕。最初の「A」は「アセチル（acetyl）」の頭文字、「spir」はセイヨウナツユキソウ（天然のサリシン〔サリチル酸の原料となる〕の産生源の一つ）の学名「*Spiraea ulmaria*」、そして「in」は当時の薬の名前の最後によくつけられていた接尾辞だ。皮肉なことに、バイエルが当初出していた広告にはアスピリンが「心臓に影響を与えなかった」ことが書かれていた。

その50年後、米国の医師ローレンス・クレイヴンが、2年間にわたってアスピリンを摂取していた男性患者400人が心臓発作を起こしていないことに気づいた。[*2] 1956年までに、クレイヴンはアスピリンを摂取していた患者8000人の記録をとり、彼らの間に心臓発作がまったく起こっていないことを見いだした。1974年からアスピリンの大規模治験が実施され、アスピリンが心臓発作と死亡を予防したことが示された。

アスピリンはどのように心臓発作を防ぐのだろうか？　アスピリンは血栓がつくられるしくみのうちの一つに干渉する。そして、心臓発作は冠動脈の内壁に蓄積したアテローム性動脈硬化のプラークに裂け目ができ、そこに血栓が形成されたときに起こる。そのようなわけで、もし自分が心臓発作を起こしているように思われるときには、まずは救急隊をよび、それからアスピリンを1錠、噛み砕いて服用すること！

第32章 20世紀と心臓手術

死にかけている人にとって〔心臓移植〕は難しい決断ではない。（中略）ライオンに追いかけられて、ワニがうようよいる川の岸辺まで追い詰められたら、水のなかに飛び込むものだろう。向こう岸まで泳ぎ切れる可能性があると自分にいい聞かせて。

最初の心臓移植手術を実施した外科医、クリスチャン・バーナード

1896年、ルートヴィッヒ・レーンはナイフで刺された患者の心臓の穴に自分の指を差し入れ、腸線で穴を閉じて縫い合わせた。その目覚ましい功績の後、50年の間に心臓手術の分野にはわずかばかりの進展しか生まれなかった。それは手術後の感染症で生存率が低くなるところが大きかった。進捗が生まれはじめたのは1944年、ヘレン・ブルック・トーシック〔タウシッグ、タウシグとも〕が外科医のアルフレッド・ブレイロック〔ブラロックとも〕、外科技師のヴィヴィアン・

セオドア・トーマスとともに、胎児期から心臓疾患を抱えてきた「ブルーベイビー」とよばれる子どもたち〔血中の酸素が不足するため顔色が悪い〕を救うために取り組んだときだ。小児心臓医学の創始者として名高いトーシックは心臓医学分野の女性先駆者であり、また、この分野のアフリカ系米国人先駆者であった外科技師のトーマスは、動物実験室で心臓手術の技術を開発し、初めて小児患者たちに行われた手術を通じて外科医のブレイロックに指導を行った。先天性の心臓疾患を抱える赤ちゃんたちへの手術はセンセーションを巻き起こした。これらの手術は心臓そのものの内部ではなく、心臓に出入りする大きな動脈と静脈に対して行われた。トーシックやブレイロック、トーマスは手術を受けた「ブルーベイビー」たちを救い、近代心臓手術の時代の華ばなしい幕開けとなった。[*1]

1940年のある日、カナダ人医師のウィルフレッド〔ビル〕・ビゲローは凍傷で運び込まれてきたある男性患者の心拍数が驚くほど低くなっているのに気づいた。ここからビゲローはある着想を得た。彼はイヌたちの体を冷やして心臓への血流を15分間止める実験を行った（あなたは「six-minute problem〔6分問題〕」を知っているだろうか？　脳と生命維持に必須の諸器官は、酸素を豊富に含む血液の供給が止まると6分以内に不可逆的な損傷を受けてしまう）。実験に使われたイヌたちの半数超が回復した。

ビゲローらの研究に基づき、F・ジョン・ルイスはC・ウォルトン・リリハイ〔リレハイとも。ルイスの長年の友人であり同僚だった〕の補佐を受け、1952年に低体温法を使って「開心」手術を初めて成し遂げた。彼らは5歳の女児の左右の心房の間に空いた穴（心房中隔欠損）を縫合し、少女は生還した。

死を運命づけられていた1歳の男児の命を救うため、リリハイ（開心手術の父として知られる）は左右の心室の間に空いた穴（心室中隔欠損）を抱えたこの子の循環器系を、父親の循環器系とつないで縫い合わせた（父親はこの息子と同じ血液型だった）。この処置は、父親を息子のための心肺装置へと見事に変身させた。リリハイは母親と胎児の間の血液循環から着想を得てさまざまな案を生みだした。初期の実験では、麻酔をかけた2頭のイヌの循環器系をビール製造用のホースで牛乳の搾乳ポンプにつなぎ、気泡を生じさせることなく反対方向に等量ずつの血液を送り込んだ。1954年、リリハイは同じビール製造用のホースと搾乳ポンプを使って先ほどあげた父子間の手術を成功させたのだった。

ほぼ同じ頃、ジョン・ヘイシャム・ギボンは最初の人工心肺装置（彼がIBM社の技術者たちと開発したもの）を使い、18歳女性の大きな心房中隔欠損を閉じることに成功した。この図体の大きな機械は酸素の減った血液を体から取り除き、酸素を受け取った血液をポンプで体に戻して、一時的に心臓と肺の機能を肩代わりするものだった。これにより、ギボンは患者の心臓に空いた大きな穴を30分かけてきちんと修復することができた。

心臓に対する手術が「open-heart surgery〔開心手術＝心を開いた手術〕」という名で知られるようになったのは面白い。外科医たちは純粋に唯物的な考えからこの名を使ったわけだが、比喩的には、私たちは心の奥底の思いや秘密、感情を明かすことをいとわない患者を思い浮かべる。こうして、私たちには肉体的な意味と比喩的な意味の両方で「心を開く」可能性が生まれたわけだが、両者の意味はこれ以上ないほどに異なっていた。一方は筋肉のポンプの最深部を開くことを意味し、もう一方は私たちの魂の最深部を開くことを意味したのだから。

心臓外科医のアルバート・スターと技術者のマイルズ・ローウェル・エドワーズ（材木用の水圧バーカー〔水圧を利用して樹皮を剥ぐ皮剥き装置〕の発明者でもある）は、心臓に植え込むことを目的とした初の人工装置、スター・エドワーズ・ボール弁を１９６０年に発明した。この機械式の弁は、金属の籠に入ったプラスチックの球が血流で前後に動くだけのものだった――そして、それが効果を発揮した。続いてすぐ、ヴィーキン・ウーロヴ〔オロヴとも〕・ビョークによって１９７０年代に傾斜ディスク弁（トイレの便座のように開閉する）が開発された。ブタの心臓弁や仔ウシの心膜組織でできた生体弁は１９６０年代後半まで使われていた。そして今では、カテーテルを使って目的の場所に人工弁を設置することで、心臓弁を開心手術なしで交換することができ、患者は〔米国の場合〕翌日には退院できてしまう！

１９６７年にクリーヴランド・クリニックで働いていたアルゼンチン人外科医、ルネ・ファバローロは、心臓バイパス手術の先駆者だった。彼は患者の脚からとった健康な静脈を、冠動脈の閉塞部の上下をつなぐように移植し、詰まった部分をうまく「迂回（バイパス）」させて血液を流すことに成功した。冠動脈バイパス手術（ＣＡＢＧ：英語ではキャベツを指す「cabbage」

と同じように発音）の名はここからつけられた。デイヴィッド・レターマン〔コメディーアン、司会者〕、バート・レイノルズ〔俳優〕、そしてビル・クリントンは皆「ジッパー・クラブ」の会員だ。開心手術を受けた人びとが胸の真んなかにジッパー（ファスナー）のような傷跡をもつことからこうよばれる。あるいは、デイヴィッド・レターマンがレジス・フィルビン〔歌手、司会者〕の先延ばしになっていた心臓手術に触れたときのように「〔医師たちは〕これから彼をロブスターみたいに開きにするんですよ」という身も蓋もないいいかたもある。現在、世界全体で毎年80万件以上の冠動脈バイパス手術が行われている。

１９６７年12月３日、南アフリカのケープタウンで、クリスティアーン・バーナードが交通事故死した25歳女性の健康な心臓を取りだし、心不全で死を迎えようとしていた55歳のルイ・ワシュカンスキーの胸腔内へと移植した。5時間にわたる手術の後、移植された心臓は再起動のための電気ショックを与えられ、そして動きだした。麻酔から覚めたワシュカンスキーは話すことができ、それからまもなくして歩きもした。滑りだしは順調だったが、手術から18日後にワシュカンスキーは肺炎で死亡した。手術のことは世界各地の新聞で報じられ、執刀医のバーナードは瞬く間にスターとなった。彼はほどなくしてソフィア・ローレンと交際した。

不幸なことに、１９７０年代以前の心臓移植は、患者の体が新たな心臓を拒絶したため悲劇に終わることがほとんどだった。バーナードは最良の心臓移植を実施することよりも、最初に心臓移植を実施することにより関心があったようだ。おもにノーマン・シャムウェイの功績により（彼は外科レジデント3年目だった1954年にリリハイの補佐をしており、またクリスティアーン・バーナードの担当教員でもあった)、外科医たちは移植拒絶反応を最小限に抑えることを学んでいった。シャムウェイは血液型が重要であることに気づいた。また、シクロスポリンという新薬(ノルウェーの森の土壌から見つかった真菌より単離された)が免疫系を害することなく臓器の移植拒絶反応を防いだ。現在、全世界で年間8000件を超える心臓移植が行われている。[*2] 今や心臓移植に伴う唯一の問題は、十分な数の提供者(ドナー)の心臓がないことだ。心臓移植を受けた患者(レシピエント)のうち最も長く生存している人は、ドナーの心臓とともに35年以上も生きている。

私たちは今、自分たちの感情や記憶、考えが脳内にあり、ある人の心臓を別の人の体に入れても大丈夫だと信じている。大部分の事例ではそれで問題ない。だが、私が序章で紹介したように、クレア・シルヴィアのような人の事例がここで登場してくる。彼女は心肺同時移植を受けた47歳の元プロダンサーで、心臓のドナーはオートバイの事故で死亡した18歳の男性だった。移植から間もなくして、シルヴィアはこの若い男性がとっていた行動や振る舞いの多くを身につけていた(男性の遺族がそれらを確認した)。心臓移植のレシピエントとなった患者がドナーの人柄や性格の特徴を受け継いだという報告が文献に記載されはじめてきた。ここから、私たちは心臓をただのポンプとして見るべきなのかという疑問が提起される。近年のあるニュースでは、過去に父を亡くしたある花嫁が、父の提供した心臓を移植された男性とともに結婚式の花道を歩いたという話が報じられていた。

倫理的・宗教的な判断にさらなる難題を突きつけたのは、外科医のレナード・ベイリーがヒヒの心臓を生後12日の女児に移植した1984年の出来事だ。ベイビー・フェイとよばれたこの赤ちゃんは、胎児期から左心低形成症候群とよばれる先天性の心臓の障害を抱えていた。彼女はヒヒの心臓を移植されて3週間生存した。1964年にはすでに、米国ミシシッピ州のウィリアム・ハーディという外科医がチンパンジーの心臓を瀕死の男性に移植し、90分間の拍動を確認した。ブタとヒツジの心臓を使った試みも、今日に至るまで成功例は示されていない［2022年に米国のメリーランド大学医療センターで遺伝子操作ブタの心臓を使った移植手術が行われ、レシピエントのデイヴィッド・ベネット氏は術後2か月生存した後に死亡した］。

異種移植――異なる種に属する生物間での臓器移植――の探究は続いており、とくにヒトへの心臓提供に適した性質が最も見込まれる結果を示してきたブタを使った研究は盛んだ。別の人の心臓を自分たちの体に移植するという発想によって私たちの人格に対する信念にはすでに試練が突きつけられているかもしれないが、別の動物の心臓を自分たちの体に移植するという発想は、それとはまた大きく違った問いの数かずを提起する。そうはいっても、ジョージ・オーウェルが『動物農場』（1946年）に書いたように、「けものたちは豚から人へ、続いて人から豚へ、そしてまた豚から人へと目を移したが、すでにどちらがどちらか見分けることは不可能だった」のだ。

♡

私は父が心臓疾患で死につつあるのを知っていました。そこで、私は父のために心臓をつくろうと試みていたのです。

ロバート・ジャーヴィック（初の人工心臓の発明者）

年間8000人の患者が心臓移植手術を受けているものの、もし使える心臓さえあれば、おそらく今の数のさらに10倍の人びとが移植の恩恵を受けられることだろう。ドナーから提供される心臓が純粋に足りていないのだ。それゆえ、ヒトの心臓の代わりに機械式の装置を使うことが、外科医であり科学者でもある人びとにとって半世紀にわたる大きな念願となっていた。『オズの魔法使い』にでてくるブリキ男（ブリキの木こり）の発想〔金属でできた体に本物の心臓が欲しい〕の逆だと考えてみてほしい。だが、異種移植の場合と同様の話で、ロボットの心臓をもつ人は「心ある」存在になれるだろうか？

最初の完全置換型人工心臓の移植は1969年にデントン・クーリーによって行われた。これは〔ドナー由来の〕心臓移植までの一時的なつなぎであり、3日後に取り外された。ここで、この完全置換型人工心臓が別の心臓外科医、マイケル・ドベイキーの研究室で開発中のものだったことを記しておかなければならない。クーリーはドベイキーの助手の一人を説き伏せ、開発中だった人工心臓のうち一つを世界初の移植用に渡させていた。「私は心臓を一つのポンプ、脳のしもべとしてのみ見ています」と、クーリーは『ライフ』誌に語っている。「ひとたび脳がいなくなってしまえば、心臓は無職になります。そうなったら、新たな勤務先を探してやらねばなりません」。この発言は、20世紀の医師ら科学者らの考えにおいて心臓がどのような位置づけにあったかを、脳との対比ではっきりと示してくれる。私が何者であるかは脳が決める、心臓は交換可能なポンプにすぎない、ということだったのだ。

♡

ウィリアム・デヴリースは、初の「恒久性」完全置換型人工心臓――ロバート・ジャーヴィックが設計したもの――を、1982年にバーニー・クラークという名の引退した歯科医へと移植した。うっ血性心不全に苦しんでいたクラークは、年齢の高さと重い肺気腫のために〔ドナー由来の〕心臓移植の候補者にはなれなかった。クラークが機械式の心臓を移植された後、彼の妻は医師団にこう尋ねた。「彼はこれからもまだ私を愛せるでしょうか?」。クラークは体外に置かれた重さ400ポンド〔約180キログラム〕の空気圧縮機（端的にいえば空気式の機械ポンプ）につながれて112日間生きた。ビル・シュローダーが2例めの手術を受け、620日間生存した。人工心臓の研究は続く。現在開発中の試作品には、3Dプリント技術を使ってシリコーン素材でつくられる、軟らかい人工心臓などもある。機械式人工心臓の移植を受けたレシピエントのうち最も長く生存している人は、この原稿の執筆時点で移植から5年ほどが経っている。

壊れた心臓を完全に置き換える人工心臓の使用例はまだ限られているが（2021年時点で全世界でも述べ2000件未満）、心不全を起こしかけている心臓を助ける小さなポンプ――心室補助デバイス（VAD、補助人工心臓）――の植込みは日常的に行われている。初めての補助人工心臓は、1966年にマイケル・ドベイキーが37歳の女性に植え込み、彼女が心臓移植を無事に受けるまでの10日間にわたって使われた。補助人工心臓は心室の隣に植え込まれる装置で、まだかろうじて動いてはいるものの機能が衰えてしまった心筋の代わりのポンプとしてはたらく。補助人工心臓は心臓移植までのつなぎ役としても（ドベイキーの最初の使用例もそうだった）、患者自身の心臓が回復するまでの一時的な補助としても、あるいは心臓移植の候補ではない患者の恒久的な解決策、いわば「destination therapy〔DT：終着地となる治療法〕」としても使いうる。補助人工心臓は末期の心不全患者にとって命を救う選択肢となっている。補助人工心臓の植込みを受けたある患者は、これまでに14年以上も命をつないできた。

20世紀の医学と技術の進歩により、心臓発作と心不全の発生機構が明らかになった。心臓発作は多くの人にとってもはや死の宣告ではなくなった――ただの痛手だ。「interventional cardiologist〔介入的心臓専門医〕」とよばれる医師たちは詰まった冠動脈を開通させ、心筋を救えるようになった。心臓外科医たちは複数の詰まった冠動脈を迂回（バイパス）させたり、傷んだ心臓弁を取り替えたり、さらには新たな心臓を丸ごと1個入れたりすることさえできるようになった。それなのに、心臓疾患は世界の死因第1位のままだ。これを変えるには、さらに何をする必要があるのだろう？

第33章　心臓の今

自分はいずれ死ぬと思いだすことが、何かを失ってしまうと考える落とし穴を避けるための、私が知っている最良の方法です。自分たちは元から裸。自分の心に従わない理由などないのです。

スティーヴ・ジョブズ

私は心臓発作になど決してならない。人を心臓発作にさせるほうだ。

ジョージ・スタインブレナー（MLBニューヨーク・ヤンキースの元オーナー）
80歳で心臓発作により死去

今の私たちは心臓が感情の座であるとは信じていないかもしれないが、心臓がもつ象徴的な含みには賛同し続けている。公園を歩けば、木の幹に恋人たちが彫ったハートマークを見かけることはよくある。ハートの印はバレンタインデーのたびに登場するし、ラブレターにも、絵文字にも、それから私の娘のサインにもでてくる。

私たちは心臓が魂の在処だとは信じていないかもしれないが、私たちが生きていくためには心臓が必要だ。世界全体で見れば、私たちの3人に1人が心臓血管系の疾患で死ぬことだろう。心臓血管系の疾患はあらゆるがんを合わせたよりも多くの人の命を奪う。米国では36秒に1人が心臓発作で亡くなり、毎年70万人が心臓血管系の疾患で亡くなって3630億米ドルの損失をだしている。子どもに最も多い先天性疾患も心臓疾患だ。[*1]

こうした事実の認識により、心臓病学は20世紀の革新の最前線に立たされた。21世紀になった今ではいっそうそれが強まっている。20世紀には冠動脈造影や冠動脈バイパス手術、カテーテルを用いた冠動脈バルーン血管形成術やステント留置術、ペースメーカーや除細動器、心室補助デバイス（補助人工心臓）、心臓移植、それに機械式人工心臓の開発が行われた。喫煙や高血圧、コレステロールなどの心臓リスク因子——現在、米国人の半数はこれらリスク因子のうち1つ以上を抱えている——を標的とした予防的健康措置は、心臓疾患による死者数を減らすのに役立ってきた。心臓疾患の発生率は1960年代から顕著に減少してきたが、それでも私たち皆の死因第1位であり続けてはいる。

♡

図 33.1 私の「心臓の健康によい」朝食

（出典：著者提供写真）

イギリスの科学者たちが、心臓病に立ち向かうのに役立つスーパー・ブロッコリーを開発したっていってます。でもほら、もし心臓病に立ち向かいたいんだったら、みんなが実際にちゃんと食べるものをつくったらいいじゃないですか？　グレーズ〔砂糖のコーティング〕がたっぷりかかったドーナツだとか。

ジェイ・レノ〔コメディアン、司会者。第32章で言及されたデイヴィッド・レターマンとの不仲が知られる〕

近頃では、ハートの記号がさらに新しい意味合いを帯びるようになっている——健康のしるしだ。私が仕事中に

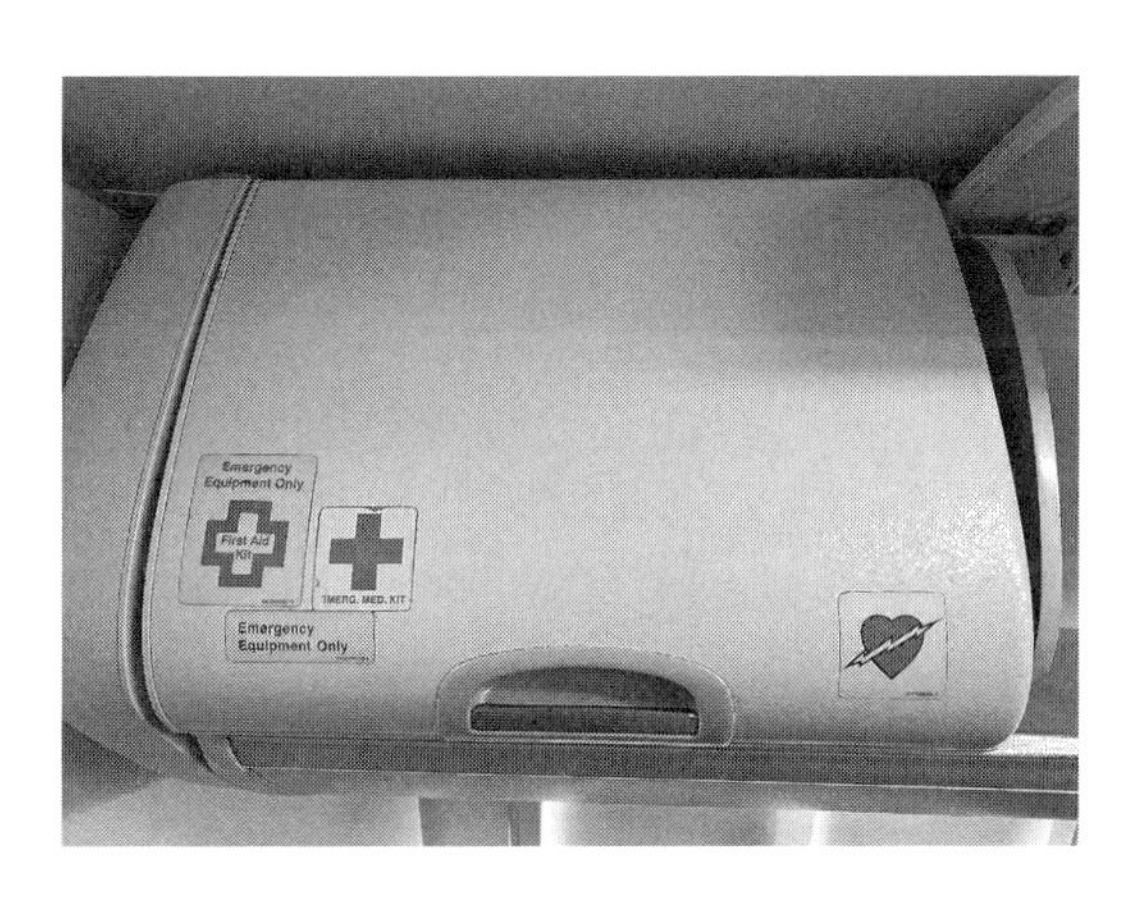

図 33.2 ハートを稲光が斜めに貫くマークが、機内で自動体外式除細動器（AED）の置かれている場所を示す.

（出典：著者提供写真）

急いで食べるチェリオス〔シリアルのブランド〕のボウルを覗き込むだけでも、はら（図33・1）。このハート型のオーツ麦全粒粉シリアルが、「心臓の健康によい」ものを食べていることを私に教えてくれる。あなたも、レストランのメニューでヘルシーな料理にハートマークがついているのを見たことはないだろうか？

飛行機に乗っているとき、あるいは学校の玄関から伸びる廊下を歩いているとき、ハートを稲光が斜めに貫くマークは見過ごすのが難しいほどよく目に入ってくる（図33・2）。これが「自動体外式除細動器（AED）はここにあります」の目印であることを、私たちはだんだんと知るようになってきた〔日本では「AED」の文字と、ハートの内側に稲光が斜めに重なるマークが使われている〕。

図 33.3 緩和ケア病棟のオフィスの窓

（出典：著者提供写真）

　私の働く病院では、緩和ケア病棟のオフィスの窓いっぱいにハート型の切抜きが並んでいる（図33・3）。色とりどりのハートは窓の上へ、そして外へと浮かんで飛んでいくように見える。ここではハート型が健康や希望、感謝、そして愛を象徴している。

　サウスウェスト航空を利用する人は、米国南西部伝統の縞模様に彩られたハートのシンボル、「サウスウェスト航空の人びとの心」を目にしたことがあるかもしれない（図33・4）。同社の刊行物によれば、このハート型は「奉仕

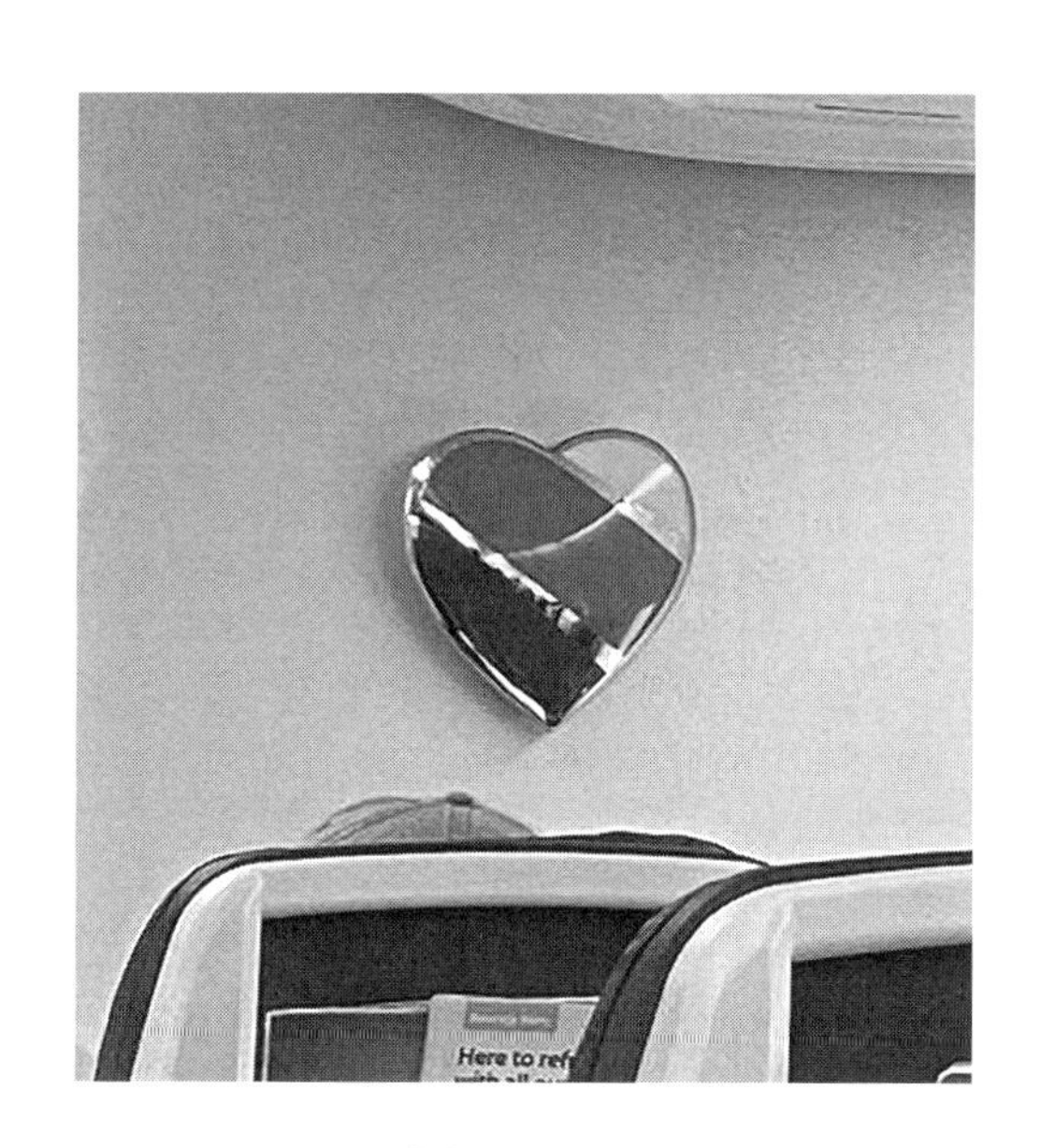

図 33.4 サウスウェスト航空では心を込めてサービスを行う.

（出典：著者提供写真）

者の心」という、黄金律〔「人からしてほしいと望むことは何であれ、人に対してもそのようにせよ」〕によって彼らの生きかたの基本理念に根づいた心のありかたを表現しているという。

近代医学は、心臓は体内に数ある臓器の一つにすぎず、感覚と理性を欠いており、私たちの死に最もつながりやすい器官であると私たちに教え込んできた。しかし、多くの古代文明で信じられていたような、ほかの器官を統べる統治者としての重要性は剥ぎとられたものの、象徴としての心臓の力は近現代においてもなお健在だ。ハートのシンボルは今も愛と恋を意味し、健康や生命、献身、奉仕を表現する付加価値までも担うようになった。

私たちは比喩的な意味で「心が折れる」ことがあるとする考えかたを受け入れているが、突如深刻な情動に襲われた場合には本当に心臓が「壊れて」しまうことがあるという事実からは目を背けている。情動はもしかすると、私たちが現在認めているよりも密接に心臓とかかわっているかもしれず、研究では、心臓は私たちが考えているよりも体の健康について多くを語る存在かもしれないと示唆されている。現時点で得られているデータは、脳と心臓の間でかなりの相互コミュニケーションがあること――心臓－脳接続――を示しているように見受けられる。

第34章　「傷心症候群」——たこつぼ心筋症（ストレス心筋症）

主は心砕かれた者の近くに在り、魂の押しつぶされた者を救われる。

ヘブライ語聖書および旧約聖書（詩篇 34章18節）

心を砕き続けなければならない、開くまで。

ルーミー（１２０７年〜１２７３年）

心は砕かれるためにつくられた。

オスカー・ワイルド（１８４５年〜１９００年）

しなやかに折れることのできる心は幸いである。へし折られて砕けることは決してないであろうから。

アルベール・カミュ（1913年〜1960年）

心臓というものは、元より壊れぬつくりにならない限り、決して実用的なものにはならんのだよ。

映画「オズの魔法使」（1939年）大魔法使いからブリキ男へ

何度も何度も粉ごなに砕けて、なお生き続ける人間の心臓よりも強いものって何？

ルピ・クーア（1992年生まれ〔詩人、アーティスト、パフォーマー〕）

ここに引用した言葉たちは、古くは3000年前にさかのぼり、人類史を通じて文学や哲学、宗教において繰り返し使われてきた「傷心」の比喩を示している。今日においてもなお、心が打ち砕かれるという概念は最もよく知られたたとえの一つである。だが、強い情動は本当に心臓を傷つけてしまうことがあるのだろうか？　ああ、実はあるのだ。

もしあなたがトラに追いかけられたら、体内では数かずの変化が起こることだろう。「闘争・逃走反応（fight-or-flight response）」とよばれるものだ。脳の扁桃体は、体に逃げだすよう伝える信号を送る。その信号は副腎へと伝わり、副腎髄質からアドレナリンが放出される。このアドレナリンは素早く心臓のペースメーカー細胞群のところへと辿り着き、心臓の拍動を速める。また、アドレナリンは心拍数を上げると同時に、心筋にカルシウムイオンを多く取り込ませ、それにより心臓の収縮が激しさを増す。こうして酸素を含んだ血液が脚の筋肉に供給されて走るのを助ける。しかし、時折この体のストレス反応機構が暴走して心臓に損傷を与え、ストレス誘発性の心臓発作を引き起こすことがある。

ストレスに関連する心臓発作は、ストレス心筋症（英語では「broken heart syndrome」）、もしくは「たこつぼ心筋症（takotsubo syndrome）」ともよばれる。「たこつぼ（蛸壺）」は日本語で「タコの壺」という意味だ。たこつぼ心筋症が１９９０年に初めて記載された際、日本の内科医たちは、突然の深刻な悲しみやストレスを経験した後に心臓発作に襲われる患者たち――多くは女性――を目にしていた。[*1] 心臓の機能不全により、この患者たちの左心室は蛸壺のような形になっていた――胴体が太く、首が細く詰まった壺だ（図34・1）。[*2] 患者たちは心臓発作の典型的な徴候や症状を抱えていた。胸の痛みや血液中に検出される心筋由来の酵素の増加、心電図

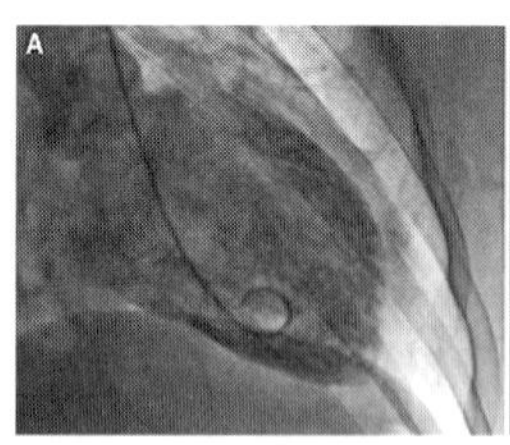

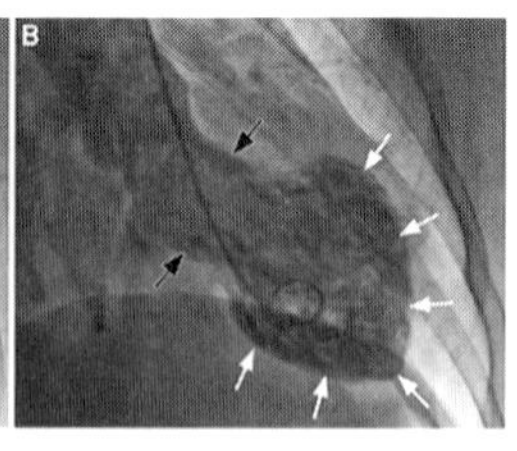

図 34.1 たこつぼ心筋症患者の左室造影

A（図左）は拡張終期の画像．B（図中央）は収縮終期の画像で，心基部における左心室の運動亢進（過収縮）（灰矢印）と，それに対して中央部から心尖部にかけての壁運動消失（複数の白矢印）が起きている様子を示している．その形は日本でタコ漁に使われる伝統的な壺（蛸壺，図右）に似ている。（出典：R. Diaz-Navarro, *British Journal of Cardiology* 28（2021）：30–34 より許可を得て転載）

の変化、心臓壁運動の局所的な異常。だが、心臓カテーテルを使ってみると、これらの患者の冠動脈はアテローム性疾患にはまったく冒されていないとわかるのだった。

ストレス心筋症の過半数の症例では、心臓の機能は回復する。私たちは、その結果生じるたこつぼ型の形態異常が正常な心筋におけるアドレナリン受容体の分布〔心基部には少なく心尖部に多い〕を反映していることまでは知っているが、なぜストレス誘発性の心臓発作が起こるのか、その具体的な理由は知らない。アドレナリン濃度の急上昇は心臓の細胞に傷害を与えうる。[*3] 地震災害の後に行われた調査――1994年、米国カリフォルニア州ノースリッジで起きたノースリッジ地震、そして1995年、日本の神戸周辺での阪神淡路大震災――では、地震当日の心臓発作の発生率が前年の同じ日付に比べて大幅に高かったことが見いだされた。[*4] さらに、サッカーワールドカップでのPK戦や、アメリカンフットボールリーグの優勝決定戦であるスーパーボウルの際は、その最中や直後にストレス誘発性の心臓発作の発生件数が急上昇している。

突然の深刻な情動の変化、あるいは急激なストレスは、心（心臓）を文字通り傷つけてしまうことがある。幸い、多くの症例ではストレス心筋症から心臓が回復し、患者は生還する。17世紀の英国の詩人、バイロン男爵が書いたとおり、「心は傷つく、しかし傷ついてなお生き続ける」。比喩としての心と生物学的な心臓がこれほど深く交わる状況はほかにない。

♡

長年寄り添った伴侶である2人が数か月違いで死ぬのは驚くことだろうか？　ジョニー・キャッシュとジューン・カーター・キャッシュ〔いずれもミュージシャン、俳優〕の夫婦は互いに4か月と間を空けず亡くなった。学説では、伴侶の死別から間もなくして残された配偶者が亡くなるのは、悲嘆による強烈な身体的ストレス――とストレス性心筋症――のためだという。[*5]

私のキャリアにおけるまごうことなき最大の悲しみは、私が心臓病フェロー〔fellow：米国の場合、専門医資格を得るための訓練中の医師〕だったときに生じた。ある患者の病室をでた私は、患者と60年以上連れ添った夫に対し、彼女は亡くなられたと伝えなければならなかった。患者の夫も、私たちと同じく、妻は生還できないと深く承知していたはずだった。だが、その知らせを伝えた私は、彼の表情が消え、激しい苦悩と恐怖の顔つきへと変わっていくのを目撃することとなった。彼は私の顔を見つめ、そしてこう問いかけた。「彼女なしで私はどうしたら？」。彼の目に浮かんだ悲痛は今日に至るまで私を苦しめている。彼は私の肩を掴んでかろうじて立ち、答えを求めて私のことを見つめ続けた。私は小柄なこの人を抱きしめ、彼とともにその日長い時間泣いた。彼は5か月後、ホスピスでケアを受けながら亡くなった。

私たちの科学知識、そして心臓はポンプ以上の何物でもないとする幻滅のすべてがあってもなお、これらの事例は心臓の感情面と生理面とが一つになった瞬間を体現しているように見受けられる。16世紀の解剖学者、ガブリエーレ・ファロッピオ〔ラテン語名ファロピウス〕が述べたように「人は傷ついた心〔心臓〕を抱えては生きられない」。

私たちが脳で感じる情動は心臓に反響する。その結果生じる身体的感覚は心臓の反応の表出である。この相互依存関係——心臓－脳接続——は私たちの健康に必須のものだ。心臓－脳接続があったからこそ、私たち人間は生を示すこの熱きポンプ器官を何千年以上も情動や論理性、魂そのものの場として位置づけてきたのだ。古代文明は、幸せな心臓が意味するものは幸せな体と長寿健康だと説いた。近代の医科学は今、私たちの祖先がかつて考えられていたよりも洞察に富んでいたのではないかと示唆している。もしかすると、私たちの感情面、身体面の幸福における心臓の役割は、過去500年にわたって医師や科学者たちが信じ込ませてきたものよりも重要なのかもしれない。もしくは、脳が心臓に指示をだすのと同じくらい、心臓は脳に語りかけているのかもしれないし、この心臓 – 脳接続は私たちの総合的な健康に不可欠な役割を果たしているのかもしれない。

第35章 心臓―脳接続

それでもなお私は自分の心臓の鼓動がもはや頭にこだましなくなる瞬間を思い描こうとした。

アルベール・カミュ（1913年～1960年）

アジアの多くの言語で、古代から伝わる同じ文字〔たとえば「心」〕が「心臓」と「心」のどちらの意味にも使われる。古代文明ではこれら2つがつながっていると信じられており、また近年の研究では、私たちの祖先があながち間違ってはいなかったことが示唆されている。近代医学は理性の場を脳に位置づけているが、科学者たちは今、心臓－脳接続という概念が事実であること――そして物理的な実体をもつこと――を実証しつつある。

私たちは喫煙や高血圧、高コレステロール値、糖尿病が心臓疾患の大きなリスク因子であることを知っている。私たちは心臓発作と心不全を減らすため、これら従来からのリスク因子に気を配り、治療を試みる。だが、近年の研究は、私たちが心臓疾患のもう一つのおもなリスク因子を無視していることを示唆している――それは情動的ストレスだ。心臓は感情と何千年にもわたって結びつけられてきたにもかかわらず、私たちは情動が心臓の健康に与えうる潜在的な影響についてすっかり忘れてしまったかのようだ。

次つぎと蓄積されていく知見が、心理社会的ストレスや精神的ストレス（たとえば、うつや不安、怒りもしくは敵意）と慢性疾患の進行（心臓疾患やがんなど）の間に関係があることを裏づける。[*1] 私たちは地震や愛する人の突然の死など、急性のストレス源が心臓発作を引き起こすことを知っている。私たちは今、慢性的なストレス源――仕事のストレスや結婚のストレス、あるいは経済的ストレス――も心臓血管系の事象の増加に関連づけられる可能性があることを知りつつある。

慢性的なストレスは、喫煙やアルコールの飲み過ぎと乱用、食生活の乱れ、運動不足、治療計画の不遵守などといった負の行動へとつながりうる。だがそれだけでなく、慢性的なストレスは交感神経系への悪影響やコルチゾール〔副腎皮質ホルモンの一つ〕濃度の上昇、そして血管の炎症や機能異常――心臓血管系疾患を仲介するあらゆる既知の変化――にもつながる。私たちは今、心理社会的ストレスと精神的ストレスは心臓発作の原因でも結果でもありうることを知っている。

INTERHEART Study と名づけられた国際研究では、52か国に暮らす2万5千人近くの人びとの間での慢性ストレス源と心臓発作の発生率の間の相関が調査された。[*2] 年齢やジェンダー、地域、そして喫煙の影響を補正した結果では、仕事または家庭で「絶え間ないストレス」があると申告した人びとは心臓発作のリスクが2.1倍を超えていた。ストレス管理により将来の心臓疾患事象を減らせることが今まさにデータで示されようとしている。前向きな情動を伸ばすことを目標とした技術、たとえばヨガや瞑想、音楽、そして笑いは、慢性ストレスが体に与える負の影響を覆（くつがえ）すことができる。[*3] また、血圧を下げること、うつを減らすこともできる。残念ながら、心理社会的ストレス源、精神的ストレス源が心臓に与える影響は、従来から知られる心臓疾患リスク因子ほどには認識されていないことがしばしばである。

♡

１９９０年代まで、私たちは脳が一方的に心臓へ指令を発しているのだと教わっていた。神経心臓学という新しい研究分野では、心臓と脳の間での動的な双方向の対話が両者の機能に絶え間なく作用していることが見いだされてきている。[*4] 心臓は４万個を超える感覚神経からなる内在神経系を抱えており、知覚や制御、記憶を可能にする「小さな脳」となっている。[*5] 心臓が迷走神経を通じて脳に送る神経信号の数は、脳から心臓へ送られる信号の数と同じかそれ以上だ。心臓の内在神経系からの信号は、情動にかかわる複数の脳領域——延髄や視床下部、視床、大脳皮質、そして脳の情動中枢である扁桃体など——の機能に影響する。フィラデルフィア州のトーマス・

ジェファーソン大学の科学者たちは近年、超微細な走査型顕微鏡法を使ってラットの心臓の立体モデルを作成した（図35・1）。彼らは心臓が「小さな脳」、つまり内在神経系を有していることを可視化してみせた。[*6]

心臓はホルモンと神経伝達物質の放出によっても脳に影響を与えうる。心臓で産生されるオキシトシン（別名「愛のホルモン」）の濃度は、脳での産生量と同程度の範囲にある。オキシトシンは知覚や寛容性、信頼、友情、絆に作用する。心臓はまた、周期的な電磁エネルギーを通じても脳に影響を与えているかもしれない。[*7] 心臓は体内で最も強力な電磁エネルギー発生装置だ（心臓それ自体に電気系統があることを思いだしてほしい）——その強さは脳の60倍である。

心臓が脳に与える作用の負の一例は、パニック症（パニック障害）を抱える人びとに見られる。研究からは、パニック症の心理的側面がしばしば自覚のない不整脈によって生じていることが示唆されている。心臓から脳へ届く信号のパターンに突然、（通常の安定した基本の規則的パターンと比べての）著しい変化が起こることで、不安とパニックが引き起こされることがある。多くの場合、不整脈の診断と治療を行えば、パニック症の症状は改善する。

パフォーマンス不安症〔発表・演奏・演技など、人前での特定の行為に対する不安や恐怖が生じる〕を抱える人びとの神経を落ち着けるためによく用いられる方法の一つに、β（ベータ）遮断薬とよばれる医薬品の服用がある。各種のβ（ベータ）遮断薬はアドレナリン（心拍数と血圧を上昇させる）の心臓への作用を阻害する。脳はパフォーマンスが始まる直前に不安を予期する。だが、心臓が薬の服用によって「ここ

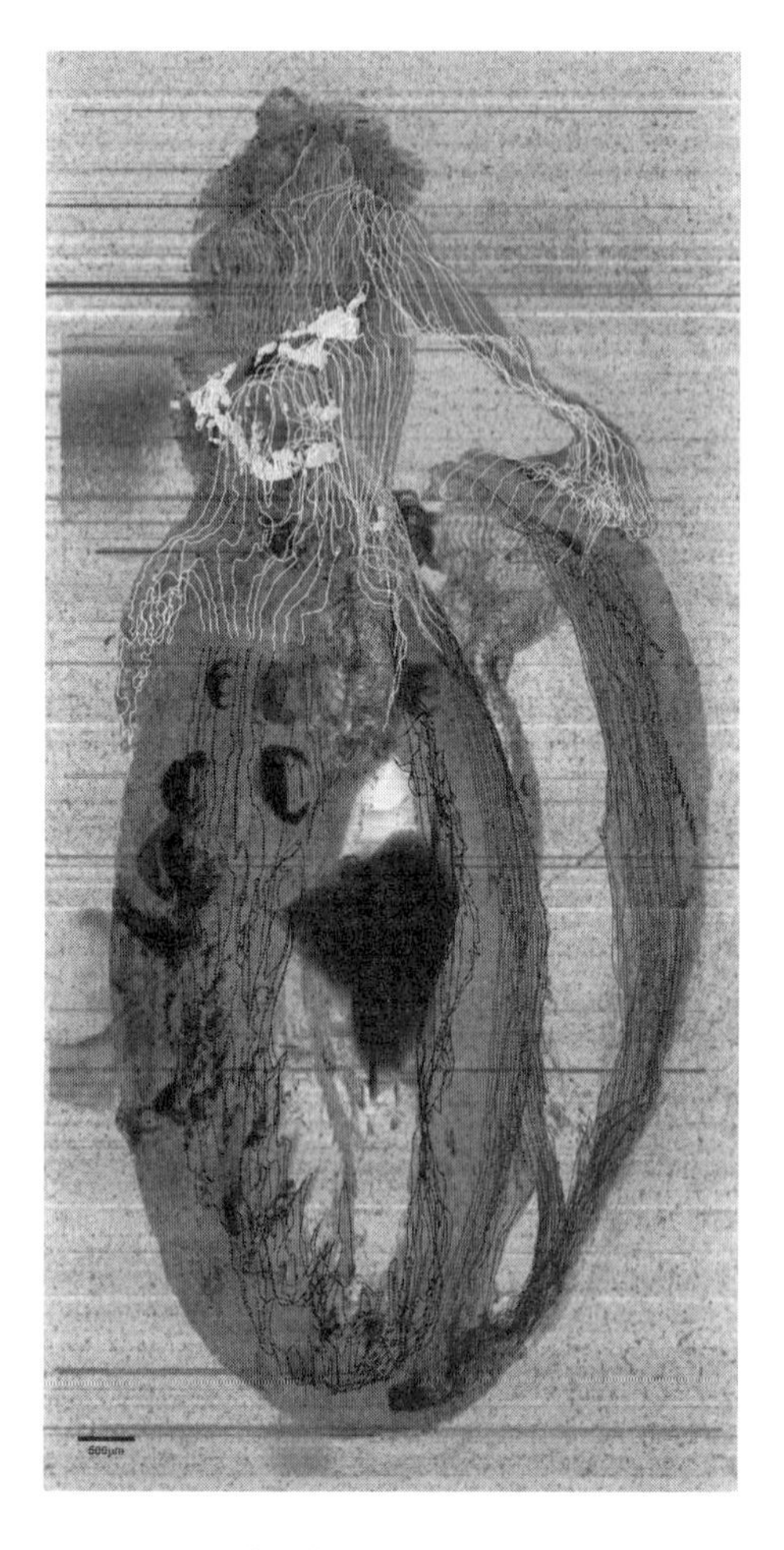

図 35.1 ラットの心臓切片の頂部付近で、心臓の「脳」クラスターを構成する神経細胞（白）

ここは血管が心臓に出入りする場所に近い.（出典：S. Achanta et al., *iScience* 23, no. 6 (June 2020) :101140 より許可を得て転載）

では不安反応は起こっていない」との信号を脳に送っていれば、その指令を脳は受け入れ、不安にならなければという要求を無効化する。

瞑想やマインドフルネスなどの心拍コヒーレンス法（心拍一貫性法：心拍変動のゆらぎを安定化させる）は、心臓のリズムと機能を調整し、体内のほかの機構（たとえば呼吸や血圧）と同期させて、脳内の痛覚領域に正の影響を与えることができる。同情や感謝など、前向きな感情は心臓のリズムをより一貫して調和のとれたものにすることもできる。その情報は脳に送られ、人の「心のありよう」を向上させる。このように、心臓の律動的な拍動パターンはその人の情動状態だけでなく、感情面での経験を決定するのにも一定の役割を果たしている。研究では、心臓のリズムのパターンと安定性が高次の脳中枢に作用し、注意力や意欲、疼痛知覚、情動処理といった心理的因子に影響することが示唆されている。

さらに、データからは私たちの心臓が周囲の人びとの心臓を同調させられることも示唆されている。音楽は、人びとがそれを介して自身の情動状態を向上させられることが立証されている一つの手法だ。そこから考えると、聖歌隊が歌を歌っているときに隊員全員の心臓のリズムが同期していると知っても驚きではないだろう。[*8]

ウィリアム・ジェイムズ（しばしば米国の心理学の父とよばれる）は１８９０年、情動とは私たちが体内の生理的感覚につけた名前だと提唱した。[*9] 心臓がドキドキと激しく打ちはじめたら、その身体的感覚が恐怖の情動を引き起こす。恐怖が先に起きて、それから心臓の拍動が強く速くなるのではない。心臓が早鐘を打ったときに、怖さが生まれるというわけだ。研究者らは近年、このジェイムズの説を裏づけるものを見いだした。機能的神経イメージング技術を使うと、心臓の拍動を含む内的感覚を処理する脳の部位（前島）が情動処理にも重要であることが確認できる。

内受容感覚とは、自分の心臓の拍動（ほかの内的感覚も）を感じとれる能力のことだ。対照的に、外受容感覚では外界からの信号（たとえば視覚や聴覚による刺激）を受け取る。いくつもの研究によって、内受容感覚の精度が高い人びと——自分の心臓の拍動をよりよく感じ取れる人——は情動をより強烈に感じることが見いだされてきている。内受容感覚が強化されている人びとは脳の前島がより活性化される。自分自身の心臓の拍動をより感知できるように人びとを訓練し、内受容感覚の精度を向上させることが、不安症とパニック発作を減らす方法として現在研究されている。[*10]

心臓－脳接続を探る新たな研究は、科学が私たちの古代の先祖たちの信じていた物事と心臓に対する近代の文化的視点とより合致していく転機の始まりかもしれない。もはや心臓がポンプとしてのみ見られることはない。心臓は私たちの感情面の活力に作用し、精神的・身体的健康を守る役割を脳と分かち合っている。私たちが情動を感じ、決断を行う上で、心臓は重要なプレイヤーであることがわかる。

第36章　未来の心臓

私たちの心を歌わせるのはテクノロジーとリベラル・アーツの交差点だ。
スティーヴ・ジョブズ

21世紀の心臓疾患の予防と治療に待ち受けているものは何だろうか？「個別化医療」の時代が私たちの元に訪れている。個人の全ゲノム――あなたのもつ遺伝子の全集――をあらかじめ検査し、心臓疾患や特定のがん、感染症などへのかかりやすさを調べることは今や実現可能であり、価格も手の届くものとなっている。[*1] ゲノム医療では個々人のDNA構成の独自性を考慮する。遺伝的組成の違いにより、将来かかるリスクがあるかもしれない疾患は何か、また、抱えている病状に対して応答性が最もよいであろう薬剤は何かが決まってくることがある。ゲノムスクリーニングは心臓疾患のリスクにさらされている人びとを同定する。そうすれば、実際に心臓発作や心不全を起こしてしまうよりもずっと早い段階で、該当者が一次予防療法を受けることもできる。

将来の心臓疾患リスクを遺伝的に特定する上でのこうした進歩は、遺伝情報に基づく個別化予防、そして、遺伝情報に基づく治療法（スマート療法〔コンピュータを活用した高精度の治療法〕ともいえる）へとつながっていくだろう。たとえば、ミシガン大学医学センターの外科医たちは、肝臓で血液中の低比重リポタンパク（ＬＤＬ）コレステロール――冠動脈の内壁に移動してアテローム性動脈硬化プラークの蓄積を引き起こす粒子だ――を除去しにくくなる遺伝的障害を抱えた29歳の女性に対し、肝臓への遺伝子組換え細胞の注入を行った。[*2] この女性は16歳の若さで心臓発作に襲われた病歴があった。新たな細胞を移植されたことで、彼女の肝臓は以前よりも血液からＬＤＬコレステロールを取り除けるようになっており、潜在的には将来の心臓発作リスクも下がっているかもしれない。

♡

心臓発作を起こすのに最悪のタイミングは、ジェスチャーゲームをやっている時だ。

ディミトリ・マーティン〔俳優、コメディアン〕

傷ついた心臓を新品のように修復することはできるだろうか？　私たちは比喩として「傷ついた心を癒す」ことはあるが、心臓発作を起こした後の患者には心筋細胞が死んでしまった場所に瘢痕（はんこん）組織が残る。〔高い再生能力をもつ〕サンショウウオとは違い、ヒトは心臓の筋肉を再生できない。しかし最近、キングス・カレッジ・ロンドンの研究者たちが、心臓発作後に遺伝療法によってヒトの心臓の細胞の再生を誘導できることを示した。研究チームは、〔ヒト由来の〕とても小さな遺伝物質（ヒトmicroRNA-199）を、人為的に心臓発作を起こさせた後のブタの心臓（ヒトの心臓によく似ている）に注入した。[*3] 1か月後、心臓の筋肉の量と機能に有意な改善があった。近い将来、同様の遺伝療法によって心臓発作やそのほかの心臓障害（たとえば、化学療法や感染症に起因するもの）に苦しむ人びとの心筋の再生が誘導されるかもしれない。

近年、医師であり科学者でもある人びとが、患者の幹細胞を摘出して心臓発作後の瘢痕（はんこん）組織に注入し、幹細胞を生きた心筋細胞に変えられる治療法を開発した。[*4] 幹細胞は成人の体内にもあり、誘導を受けることで、脳や筋肉の細胞も含め、さまざまな細胞種へと分化して体を修復する。最近の治験では、心臓発作後の生存者に対して先述の治療法が試されており、心臓発作後3か月以内に新たな心筋の再生によって心筋梗塞サイズが縮小したことが示された。この治療法には、幹細胞を患者の骨髄から採取し、その幹細胞を実験室で人為的に増やした後、心臓が傷を負った箇所に注入する過程が伴う。近い将来、重篤な急性心不全を起こした人びとの心臓を機械式の心室補助デバイス（ＶＡＤ、補助人工心臓）がつなぎとなって支え、失われた分の心筋が幹細胞注入治療によって新たにつくられるまでの間、傷ついた心臓が生き延びるのを助けることになるかもしれない。

３Dプリント技術は現在、１マイクロメートル単位の解像度でつくられた足場（縮尺の参考までに、ヒトの髪の毛の直径は70マイクロメートルほどだ）の上に複数種類のヒト細胞の混合物（心筋細胞、平滑筋細胞、内皮細胞。いずれもヒト幹細胞に由来するもの）をタネのように蒔いて（播種）、心臓組織を育てるのに使われている。[*5] 播種された細胞は足場の上に集まって、互いに同期したリズムで拍動する心臓組織をつくり上げる。研究者たちが心臓発作を起こしたばかりのマウスの心臓にこうした細胞組織を植えつけたところ、実験室で培養されたその筋肉が心臓の機能を改善させた。心臓自身は心臓発作の後に新しい心筋細胞を生みだすことができないため、この技術は心臓疾患事象後の心不全を減らす画期的な突破口となる可能性がある。

それではいっそ、心臓そのものを既存の足場として使い（たとえばブタの心臓など）、そこで新しい心臓を丸ごと１つ育ててはどうだろうか？[*6] 研究者たちは心臓全体（ヒトまたはブタのもの）を化学処理によって脱細胞化〔生体組織から細胞を取り除くこと〕し、心臓の立体構造と血管の分布状態——構造的に完全な脱細胞化細胞外マトリックス（dCEM）——を残す方法を研究している。[*7] 理論上、心臓の血管と弁の構造は維持され、その骨組み（足場）の上で患者〔の幹細胞由来〕の心筋細胞を育てることができる。これがいつの日か、傷ついた心臓を抱える患者一人一人のために個別化された心臓を育てることにつながるかもしれない。

３Dプリント技術の進歩により、医科学者たちはそれぞれの患者に合わせてカスタマイズされたぴったりの心臓弁をつくれるようになるだろう。患者が生まれつきもっていた弁に損傷が起こったり、顕著な漏れがあったり、あるいは締まりがきつすぎる問題があったりしたら、それにぴったり合う交換用の弁をつくって植え込むことができるのだ。

♡

傷を負った心筋をつくり直す代わりに、心臓発作の予防に焦点を当てた研究も有望視されている。これは、すでに心臓発作を起こしてしまった人が二度目の発作を起こすのを防ぐ二次予防ではなく、そもそも初回の発作を防ぐ一次予防の方針だ。将来的な心臓疾患のリスクが高い人びとに、一次予防の「ワクチン」を投与できるとしたらどうだろう？　つい最近使用が承認されたばかりのインクリシラン（inclisiran）という薬剤は、コレステロールをつくる肝臓の細胞において長時間作用性のRNA干渉（特定の遺伝子のはたらきを邪魔する）を引き起こす。[8]この化合物は、10代の若さで心臓疾患を発症してしまう家族性高コレステロール血症の人びと（遺伝的にコレステロール値が高い）に年2回投与することができる。さらに、霊長類での近年の研究では、CRISPR技術を使ってDNAの塩基配列編集を行う因子をたった1回注入するだけで、一生にわたって肝臓でのコレステロール産生量を減らすこともできると示されている――高コレステロール血症と心臓疾患に対する1回完結型のゲノム編集治療だ。[9]CRISPRとは「**C**lustered **R**egularly **I**nterspaced **S**hort **P**alindromic **R**epeats〔規則的に間隔を空けて並んだ短い回文の反復が集まったもの〕」の略で、遺伝暗号の特定の配列に標的を定めてＤＮＡを精密・正確に編集できる性質がある。

標的療法を行うためのナノボット（細胞大のロボット）の開発も進められている。[*10] 心臓医学分野での将来的な応用可能性の例としては、ナノメートルサイズの泡を使い、冠動脈内の血栓部までナノボットを押し進めることのできるカテーテル機器の開発がある。血栓を溶かす薬剤をより早く浸透させて、心臓発作による損傷を最小限に抑えることを目指すものだ。

生物学的ペースメーカーは、ひょっとすると、近い将来に現在使われている植込み型電子機器〔機械式の人工ペースメーカー〕の代わりとして使われるようになるかもしれない。[*11] 生物学的ペースメーカーは心臓に植え込まれるか注入されるかして、心臓本来のペースメーカー細胞をまねた電気刺激を生みだす細胞や遺伝子のことだ。心臓の主要なペースメーカーである洞房結節のはたらきが止まると、心拍数が減って血液循環を支えきれなくなる可能性がある。そうなった場合、患者の体内に電子機器による人工ペースメーカーを手術で植え込めば、心拍数を増やし血液循環を回復させることができる。その生物学的な代替策として、動いている心筋細胞を代理の洞房結節細胞群へと変える遺伝子を送り込む技術の開発が進められている。ペースメーカーを患者自身の心筋細胞からつくれるようになるかもしれないのだ。電子機器による人工ペースメーカーも小型化と進歩が続くなかではあるが、生物学的ペースメーカーはひょっとすると神経の発火がうまくいかない心臓に使える治療手段のバリエーションを広げてくれるかもしれない。

心臓の異種移植は今後現実のものとなるかもしれないが、まだ道半ばである。[*12] 2016年、米国国立衛生研究所（NIH）の研究者たちが、遺伝子操作を加えたブタの心臓をヒヒに移植してから3年間拍動させ続けていることを報告した。ニュースの見出しを席巻しそうな話題だが、実はこの研究は深刻な現状から影響を受けて行われている。世界では毎年数百万人の患者が、移植に使える人間のドナー由来の心臓の不足により亡くなっている。そのため、科学者たちが別の動物由来の心臓を使う代替案に取り組んでいるのだ。自然に逆らう案だと非難する人もいるかもしれないが、代わりに起こっているのは死だということを思いだしてほしい。最初にヒトからヒトへの心臓移植が実施されたとき、その処置の倫理が厳しく問われたが、今や心臓移植は普通のこととなり、世界で年に8000件を超える心臓移植が行われている。いつの日か、問いは「頑固なブタの心臓の代わりに忠実なイヌの心臓の移植を受けたら、愛する人のことをもっと愛するようになるだろうか」などというものに変わるかもしれない。ヒトからの心臓移植のレシピエント候補者として認められなかった57歳男性、デイヴィッド・ベネットは、ブタからヒトへの心臓移植を受けて生存した初のレシピエントとなった。彼の体から免疫反応による攻撃を受けないよう、このブタの心臓には10個の遺伝子に改変を加えてあり、ベネットは手術後2か月生存した。心臓移植に利用できる現実的な代替案の一つとして、遺伝子編集ブタの心臓の可能性を探る研究が進められている。

ロボットを使った非開胸的心臓手術は、胸をごく小さく切開し、そこからロボット操作で動く小型手術器具を挿入することで行われる。現在おもに使われている開胸的心臓手術（開心手術）では、外科医が胸を切り開いて「縦割り」する必要があり（文字通り、胸骨を割って広げる）、患者の胸の中央に「ジッパー」型の傷が残る。[*13] ロボット技術の使用が増えることで、外科医はより侵襲性の低い心臓手術を実施できるようになる。こうした処置法は、手術支援ロボットのメーカーがつけた名前から「ダヴィンチ手術」とよばれることもある。レオナルド・ダ・ヴィンチが聞いたら何を思うだろうか。心臓弁の修復や心臓に開いた穴の修復、心臓腫瘍の除去などが、ダヴィンチ手術によって予後の向上や回復の早期化、入院期間短縮といった成果がもたらされる治療の例となっている。

米国での肥満の蔓延と、医療の進歩による寿命の延長により、心臓疾患の有病率と治療コストは今後20年間で大幅に増加すると見込まれている。人びとが不健康な生活様式を変えない限り、これは避けられない。心臓循環器系の研究は今後、心臓疾患の早期発症リスクにさらされる人びとの同定、将来の心臓疾患事象を予防する治療法の開発、傷ついた心臓の修復または置換、そして、心臓を物理的にも身体的にもよりよく守る目的での心臓－脳接続の探究などの方向へと進んでいくだろう。

おわりに

たった一つの行為によってたった一つの心に喜びを与えるほうが、祈りのなかで千の頭を垂れるよりもよい。

マハトマ・ガンディー

良き頭と良き心はいつだって圧倒的な組合せだ。

ネルソン・マンデラ

心はどれだけ愛するかで評価されるのじゃない、ほかからどれほど愛されるかで評価されるのだよ。

映画「オズの魔法使」（1939年）

私たちの生命を支える力を抱えているものは何だろう？　私たちはどのように人を愛するのだ

ろう？　善悪を区別する能力を養う精神性は私たちのどこにあるのだろう？　こうした問いは2万年にわたって人びとを魅了してきた。この本で、私は心臓についての好奇心が時と文明を越えて続いてきた様子を哲学や芸術、科学の側面から探究してきた。心臓は人類の文化史、宗教史において独自の位置を占めている。心臓は愛と情熱、痛みと苦しみという、ヒトの基本的な情動を中心で鼓舞する圧倒的な力であり続けてきた。心臓はかつて魂と良心の在処とされ、理性さえもが心臓の一機能だと仮定されていた。

ヒトが初めて自らの考えを記録して以来、大部分の文明では心臓が人体で最も重要な器官だと信じられていた。さまざまな社会で、心臓は現在の脳が占めている地位――体の統治者であり、体の力の源――に祭り上げられていた。何千年にもわたって、人は心臓を通じてのみ神とつながれると信じられていた。象徴的に、心臓は愛情や敬愛、忠誠、勇気、友情、そして恋愛の印となった。

今日、私たちは脳が自分たちの体を指揮管理すると考えている。そこには心臓の機能も含まれる。心臓は脳からの信号に最初に応答する器官だが、脳もまた、心臓からの血液循環の影響を最初に受け取る器官である。もしそうでなかったら、私たちは素早く立ち上がった際に気を失ってしまうかもしれない。私たちが脳で感じる情動は心臓で反響を生み、その結果生じる身体感覚は心臓の応答を体現している。人間が体内での魂の在処をめぐって何千年も議論を交わしてきたのは、脳と心臓のこの相互依存性ゆえである。脳のことを思い浮かべるとき、私たちが思い描くのは冷たい灰色の物質の塊であり、私たちが生きていることを示す温かい拍動する器官ではない。

科学と医学は私たちが今日抱く心臓像をかたちづくってきた。心臓は血液を循環させるポンプ以上のものではないとするウィリアム・ハーヴェイの発見により、思想家たちは心臓を体内に数ある生存に必要な器官の一つという立場へ格下げすることを余儀なくされた。心臓はもはや私たちの存在の中心ではなくなり、酸素を含む血液を体内の細胞に届けるただの筋肉となった。しかしながら、1人の患者が亡くなり、私が法律上の死亡時刻を宣告しなければならない場合、宣告するのはその人が脳死となった時刻ではなく、その人の心臓が止まった時の時刻である〔脳死下の臓器提供を行う場合などには脳死判定の完了をもって死亡時刻とされる〕。産科医が妊娠中の女性に子宮内の胎児の心音を初めて聞かせれば、それが新たな命の始まりの確認となる。

心臓を別の人間へ移植することは一般的になった。この拍動する器官をある人体から取りだして別の人体へと移すことを道徳的に実行できるという現状は、私たちがただのポンプにすぎないものとされた心臓といかに距離を置いてしまったかを示している。古代エジプト人たち、あるいは中世のキリスト教徒たちがこれを知ったら何を思ったか、想像できるだろうか？

心臓－脳接続についての新たな研究は、一つの科学的転換の始まりかもしれない。古代の先祖たちが歴史のなかで信じていたことや近代の文化的な見方ともより合致するかたちで、心臓はもはやただのポンプとしてのみ見られることはなくなり、再び私たちの精神的、霊的、そして身体的健康を守る情動的活力の一部と見なされる。

心臓は私たちの文化の図像学において中心的な役割を果たし続ける。心臓は私たち人間がもつ最も貴重なもの、すなわち愛を表す永遠の象徴だ。ハートの印は日々の生活において最も象徴的で広く浸透した記号の一つであり続けている。ハートの記号は幸せと健康を意味する。私たちは物事を心に留め、心で感じる。現代、私たちはまるで2つの「心」をもっているかのようだ――私たちを生かし続ける生理的な心（心臓）と、私たちの情動や願望、勇気、人と人とのつながりを規定する象徴的な心。心は私たちの中心であり続ける。

あなたが時間をかけてこの心惹かれる心臓の歴史を読み通してくださったことに、心から感謝する。締めくくりに、フランスの哲学者・数学者のブレーズ・パスカルが残した、私の好きな言葉を引用する――「心には心なりの理由があり、それらは理性の預かり知らぬものである」（1658年『パンセ』より）。私たちはある種の物事が事実であると知っており、そして、私たちがそれらの事実を知っているのは、論理的思考を通じてではなく、心の底から信じるようになったがゆえである。パスカルがいっていたのはこういうことなのだと、私は信じている。

謝辞

多くの人びとがこの本を現実のものとするのを助けてくれた。私の友人である著作家のトム・バーバッシュは、君はこの本を書けるし、書くべきだと説得してくれた。最初の担当編集者であるStoryMade Studio のレイチェル・レーマン＝ハウプトのおかげで、私はもう本として完成だと思い込んでいたものをばらばらに破り、ずっと良いものへとつくり直すことができた。私の初期の草稿に助言をくれ、調査を助けてくれたビル・ハリス、ニック・ランガン、ポール・メイザー、ロイ・アルティット、サド・ウェイツの各医師に特別な感謝を。大切な妻のアンは、絶えず私の読者、編集者、顧問、そしてチアリーダーを務めてくれた。〔原出版社の〕コロンビア大学出版の素晴らしい人びとの助けにより、私はこの本をあなたの手に渡すことができた。そして最後に、長年のあいだに担当させていただいた患者の方がたに心からの感謝を。皆さんこそが、私がこの主題を愛し、心惹かれる心臓の歴史を共有したいと思った原動力だ。

訳者あとがき

本書は米国のコロンビア大学出版から２０２３年４月に刊行された『The Curious History of the Heart: A Cultural and Scientific Journey〔心臓の不思議な歴史――文化と科学の旅〕』の日本語訳である。原書は一般読者から歴史家、医療関係者まで幅広い層から好評を博している。

心臓専門医があなたに贈る、「心惹かれる」心臓の歴史

原著者のヴィンセント・M・フィゲレド氏は、30年にわたり研究にも取り組んできた現役の心臓専門医だ。本書の第四部にも記されている本人の言葉を借りれば、心臓の「配管技師」である。大学時代から好奇心旺盛で、医学校進学のための必須科目に加え、歴史、宗教、哲学の授業を受けていたというフィゲレド氏。その後も『Salt: A World History』〔『塩の世界史』上下巻、マーク・カーランスキー 著、山本光伸 訳、中央公論新社、２０１４年〕や『The Emperor of All Maladies: A Biography of Cancer』〔『病の皇帝「がん」に挑む』上下巻、シッダールタ・ムカジー 著、田中文 訳、早川書房、２０１３年〕などの歴史ノンフィクションを愛読し、自分自身でも心臓に関する逸話や記録を集め

るようになったそうだ。同氏が十数年かけて集めた素材をまとめ、五年の歳月を費やして書き上げたのがこの『心臓とこころ』である。そこには心臓・こころ・ハートにまつわる古今東西の話題が軽やかな筆致でまとめられているだけでなく、自身の臨床での経験や暮らしのなかでの発見などが、実感のこもった言葉で綴られている。

心臓・こころ・ハート――そのつながりは比喩だけではない

さて、本書で繰り返し語られるのが、心臓と心(こころ)の結びつきである。日本語でも両者に同じ文字が当てられているように、さまざまな文化において心臓はこころの在処とされてきた。その考えはやがて脳中心主義（cerebrocentrism）にとって代わられるわけだが、実は近年、心臓と脳の相互作用(心臓–脳接続：heart-brain connection)に医学的な注目が集まっているという。いったん「血液のポンプ」として単純視された心臓が、ほかの器官との関係性のなかで「こころ」の座としての地位を回復しつつあるのだ。

本書で紹介されているとおり、ヨーロッパの暗黒時代に失われかけた古代ギリシャ、古代ローマの科学知識がイスラム圏で継承され発展したことは、医学史において大きな意味があった。北欧、メソアメリカ、北米での心臓観、東洋医学での心臓の位置づけなど、多様な「心臓／こころ／ハート」の捉え方を介することで、私たちは初めて未来の心臓医学、そして心臓の真の姿に近づくことができるのかもしれない。

原著者フィゲレド氏が「心血を注いで」〔原文では〝poured my heart and soul（私の心と魂を注いで）〟〕書き上げたという本書。翻訳者としても関連資料の調査に心を砕き、訳語を選ぶ上では「心」にまつわる言葉や漢字を多く使うことを心がけた。とはいえ、その産物をどう読むかは読者の随意である。心臓を中心に据えた文化史・科学史を前から順にたどるもよし、目次や索引を開いて心惹かれる話題に飛ぶもよし。本書の知識は芸術鑑賞や創作の意欲も高めてくれることだろう。感情の赴くままにページをめくり、心ゆくまで読書を楽しんでいただきたい。

２０２５年３月

坪子　理美

the Modern Practice of Chinese Medicine," Institute for Traditional Medicine, August 2000. http://www.itmonline.org/arts/pulse.htm

Martin Elliott, Valerie Shrimplin, "Affairs of the Heart: An Exploration of the Symbolism of the Heart in Art," Gresham College, February 14, 2017. https://www.gresham.ac.uk/lectures-and-events/affairs-of-the-heart-an-exploration-of-the-symbolism-of-the-heart-in-art

Institute for Traditional Medicine, "The Heart: Views from the Past," Accessed April 3, 2022. http://www.itmonline.org/5organs/heart.htm

Shayla Love, "Can You Feel Your Heartbeat? The Answer Says a Lot About You," Vice, February 3, 2020. https://www.vice.com/en/article/akw3xb/connection-between-heartbeat-anxiety

Paul J. Rosch, "Why the Heart Is Much More Than a Pump," HeartMath Library Archives, 2015. https://www.heartmath.org/research/research-library/relevant/heart-much-pump/

Wikipedia, The Free Encyclopedia, "Chandogya Upanishad," last edited May 16, 2020. https://en.wikipedia.org/w/index.php?title=Chandogya_Upanishad&oldid=956991823

Mohammad Madjid et al., "High Prevalence of Cholesterol-Rich Atherosclerotic Lesions in Ancient Mummies: A Near-Infrared Spectroscopy Study," *Am. Heart J.*, 216, 113 (2019).

Leslie W. Miller, Joseph G. Rogers, "Evolution of Left Ventricular Assist Device Therapy for Advanced Heart Failure," *JAMA Cardiol.*, 3, 7, 650 (2018).

James E. Muller, "Diagnosis of Myocardial Infarction: Historical Notes from the Soviet Union and the United States," *Am. J. Cardiol.*, 40, 269 (1977).

Sherry L. Murphy et al., "Deaths: Final Data for 2010," *Natl. Vital Stat. Rep.*, 61, 4 (2013).

Jonathan Meyers, "Exercise and Cardiovascular Health," *Circulation*, 107, 1, e2 (2003).

Katherine Park, "The Life of the Corpse: Division and Dissection in Late Medieval Europe," *J. Hist. Med. Allied Sci.*, 50, 1, 111 (1995).

Ares Pasipoularides, "Galen, Father of Systematic Medicine. An Essay on the Evolution of Modern Medicine and Cardiology," *Int. J. Cardiol.*, 172, 47 (2014).

Edward H. Reynolds, James V. Kinnier Wilson, "Neurology and Psychiatry in Babylon," *Brain*, 137, 9, 2611 (2014).

Magdi M. Saba et al., "Ancient Egyptian Medicine and the Concept of Heart Failure," *J. Card. Fail.*, 12, 416 (2006).

Stanley G. Schultz, "William Harvey and the Circulation of the Blood: The Birth of a Scientific Revolution and Modern Physiology," *Physiology*, 17, 5, 175 (2002).

Mohammadali M Shoja et al., "Leonardo da Vinci's Studies of the Heart," *Int. J. Cardiol.*, 167, 4, 1126 (2013).

Antonio V. Sterpetti, "Cardiovascular Research by Leonardo da Vinci," *Circ. Res.*, 2124, 189 (2019).

Gaetano Thiene, Jeffrey E. Saffitz. "Response by Thiene and Saffitz to Letter Regarding Article, 'Autopsy as a Source of Discovery in Cardiovascular Medicine: Then and Now,'" *Circulation*, 139, 4, 568 (2019).

Gregory S. Thomas, et al. "Why Did Ancient People Have Atherosclerosis? From Autopsies to Computed Tomography to Potential Causes," *Global Heart*, 9, 2, 229 (2014).

Lucina Q. Uddin et al., "Structure and Function of the Human Insula," *J. Clin. Neurophysiol.*, 34, 4, 300 (2017).

P. N. Vinaya, J. S. R. A. Prasad. "The Concept of Blood Circulation in Ancient India W.S.R. to the Heart as a Pumping Organ," *International Ayurvedic Medical Journal*, 2, 15, 211 (2015).

James T. Willerson, Rebecca Teaff. "Egyptian Contributions to Cardiovascular Medicine," *Tex. Heart Inst. J.*, 23, 119 (1996).

オンライン資料

Subhuti Dharmananda, "The Significance of Traditional Pulse Diagnosis in

Michael E. Smith, "The Aztecs," Blackwell (2003).
Haider Warraich, "State of the Heart: Exploring the History, Science, and Future of Cardiac Disease," St. Martin's Press (2019).

記事・論文

W. C. Aird, "Discovery of the Cardiovascular System: From Galen to William Harvey," *J. Thromb. Haemost.*, 9, 118 (2011).
Majd Al Ghatrif, Joseph Lindsay, "A Brief Review: History to Understand Fundamentals of Electrocardiography," *J. Community Hosp. Intern. Med. Perspect.*, 2, 1, 14383 (2012).
Emelia J. Benjamin et al., "Heart Disease and Stroke Statistics-2018 Update: A Report from the American Heart Association," *Circulation*, 137, e67 (2018).
Michael Besser, "Galen and the Origins of Experimental Neurosurgery," *Austin J Surg.*, 1, 2, 1009 (2014).
Brigitte Boon, "Leonardo da Vinci on Atherosclerosis and the Function of the Sinuses of Valsalva," *Neth. Heart J.*, 17, 12, 496 (2009).
Eugene Braunwald, "Cardiology: The Past, the Present, and the Future," *JAMA*, 42, 12, 2031 (2003).
Denton A. Cooley, "Some Thoughts About the Historical Events That Led to the First Clinical Implantation of a Total Artificial Heart," *Tex. Heart Inst. J.*, 40, 117 (2013).
Garabed Eknoyan, "Emergence of the Concept of Cardiovascular Disease," *Adv Chronic Kidney Dis.*, 11, 3, 304 (2004).
Renate Forssmann-Falck, "Werner Forssmann: A Pioneer of Cardiology," *Am. J. Cardiol.*, 79, 651 (1997).
R. K. French, "The Thorax in History. 1. From Ancient Times to Aristotle," *Thorax* 33, 10 (1978).
R. K. French, "The Thorax in History. 2. Hellenistic Experiment and Human Dissection," *Thorax*, 33, 153 (1978).
W. Bruce Fye, "Lauder Brunton and Amyl Nitrite: A Victorian Vasodilator," *Circulation*, 74, 222 (1986).
Sanjib K. Ghosh, "Human Cadaveric Dissection: A Historical Account from Ancient Greece to the Modern Era," *Anat. Cell Biol.*, 48, 3, 153 (2015).
N. C. Gilbert, "History of the Treatment of Coronary Heart Disease," *JAMA*, 148, 16, 1372 (1952).
Rachel Hajar, "The Pulse in Ancient Medicine-Part 1," *Heart Views*, 19, 36 (2018).
Melonie Heron, "Deaths: Leading Causes for 2017," *Natl. Vital Stat. Rep.*, 68, 6, 1 (2019).
James Herrick, "An Intimate Account of My Early Experience with Coronary Thrombosis," *Am. Heart J.*, 27, 1 (1944).
I. M. Lonie, "The Paradoxical Text 'on the Heart,' Part 1," *Medical History*, 17, 1 (2012).

読書案内

書籍

Louis J Acierno, “Physical Examination.” In The History of Cardiology, Parthenon (1994), p.447.

Stephen Amidon, Thomas Amidon, “The Sublime Engine: A Biography of the Human Heart,” Rodale (2011).

N Boyadjian, “The Heart: Its History, Its Symbolism, Its Iconography and Its Diseases,” Esco (1985).

A. Cornelius Celsus, “On Medicine, Volume I: Books 1-4,” trans. W. G. Spencer, Harvard University Press (1935).〔『医事学研究』1巻～16巻,「古典医学書翻訳 ケルスス,『医学論』」, 石渡隆司／大沢久人／菅野耕毅／菅野晶子／武田紀夫／深沢力 訳, 石渡隆司 編, 岩手医科大学 (1986～2001)〕

Rob Dunn, “The Man Who Touched His Own Heart: True Tales of Science, Surgery, and Mystery,” Little, Brown (2015).〔『心臓の科学史――古代の「発見」から現代の最新医療まで』高橋洋 訳, 青土社 (2016)〕

Alfred P. Fishman, Dickinson W. Richards, “Circulation of the Blood: Men and Ideas,” Springer (1982).

James Forrester, “The Heart Healers: The Misfits, Mavericks, and Rebels Who Created the Greatest Medical Breakthrough of Our Lives,” St. Martin’s Press (2015).

William Harvey, “An Anatomical Disquisition on the Motion of the Heart and Blood in Animals,” trans. Robert Willis, Dent (1907).〔『動物の心臓ならびに血液の運動に関する解剖学的研究』暉峻義等(てるおかぎとう) 訳, 岩波書店 (1961)〕

Homer, “The Iliad,” Penguin Classics (1998).〔『ホメロス イリアス』上下巻, 松平千秋 訳, 岩波書店 (1992)〕

Ole M. Høystad, “A History of the Heart,” Reaktion (2007).

Sandeep Jauhar, “Heart: A History,” Farrar, Straus, and Giroux (2018).

Carolyne Larrington, “The Poetic Edda,” Oxford World’s Classics (1936).〔『エッダ――古代北欧歌謡集』谷口幸男 訳, 新潮社 (1973)〕

G. E. R. Lloyd, “Hippocratic Writings,” Penguin (1978).〔『新訂ヒポクラテス全集』大槻真一郎 編集・翻訳責任, エンタプライズ (1997);『ヒポクラテス医学論集』國方栄二 編訳, 岩波書店 (2022) など〕

Donald McCrae, “Every Second Counts: The Race to Transplant the First Human Heart,” Putnam (2006).

David Monagan, “Journey Into the Heart: A Tale of Pioneering Doctors and Their Race to Transform Cardiovascular Medicine,” Gotham (2007).

William W. E. Slights, “The Heart in the Age of Shakespeare,” Cambridge University Press (2008).

J. V. C. Smith ed., “The Boston Medical and Surgical Journal. Volume XXVII,” D. Clapp Jr. (1843).

Horus Study of Four Ancient Populations," *Lancet*, 381, 9873, 1211 (2013).

A. Tofield, "Hikaru Sato and Takotsubo Cardiomyopathy," *Eur. Heart J.*, 37, 37, 2812 (October 2016).

Ross Toro, "Leading Causes of Death in the US: 1900-Present, (Infographic)," July 1, 2012. https://www.livescience.com/21213-leading-causes-of-death-in-the-u-s-since-1900-infographic.html

"Huang Ti Nei Ching Su Wen: The Yellow Emporer's Classic of Internal Medicine," trans. Ilza Veith, Williams & Wilkins (1949). 〔『現代語訳◎黄帝内経素問上巻』島田隆司／庄司良文／鈴木洋／藤山和子 訳，石田秀実 監訳，南京中医学院医経教研組 編，東洋学術出版社（1991）；『現代語訳◎黄帝内経素問中巻』石田秀実／勝田正泰／鈴木洋／兵頭明 訳，石田秀実 監訳，南京中医学院医経教研組 編，東洋学術出版社（1992）；『現代語訳◎黄帝内経素問下巻』石田秀実／松村巧 訳，石田秀実 監訳，南京中医学院医経教研組 編，東洋学術出版社（1999）など〕

U.S. Department of Health and Human Services, "Heart Disease and African Americans," January 31, 2022.

Björn Vickhoff et al., "Music Structure Determines Heart Rate Variability of Singers," *Front. Psychol.*, 4, 334 (July 2013).

Pierre Vinken, "How the Heart Was Held in Medieval Art," *Lancet*, 358, 9299, 2155 (2001).

F. Randy Vogenberg et al., "Personalized Medicine: Part 1: Evolution and Development Into Theranostics," *Pharm. Ther.*, 35, 10, 565 (2010).

Meagan M. Wasfy et al., "Sudden Cardiac Death in Athletes," *Methodist Debakey Cardiovasc. J.*, 12, 2, 76 (2016).

Heather Webb, "The Medieval Heart," Yale University Press (2010).

John B. West, "Marcello Malpighi and the Discovery of the Pulmonary Capillaries and Alveoli," *Am. J. Physiol. - Lung Cell. Mol. Physiol.*, 304, 6, L383 (2013).

World Health Organization, "Cardiovascular Diseases," June 2021. https://www.who.int/news-room/fact-sheets/detail/cardiovascular-diseases-(cvds)

World Health Organization, "Hypertension," August 25, 2021. https://www.who.int/news-room/fact-sheets/detail/hypertension

World Health Organization, "The Top 10 Causes of Death," December 2020. https://www.who.int/news-room/fact-sheets/detail/the-top-10-causes-of-death

Jiangfan Yu et al., "Ultra-Extensible Ribbon-Like Magnetic Microswarm," *Nat. Commun.*, 9, 1, 3260 (2018).

Kenneth G Zysk, "Religious Medicine: History and Evolution of Indian Medicine," Transaction (1993).

Gabriel Prieto et al., "A Mass Sacrifice of Children and Camelids at the Huanchaquito-Las Llamas Site, Moche Valley, Peru," *PLoS One*, 14, 3, e0211691 (2019).

Frederick J. Raal et al., "Inclisiran for the Treatment of Heterozygous Familial Hypercholesterolemia," *N. Engl. J. Med.*, 382, 16, 1520 (2020).

André Silva Ranhel, Evandro Tinoco Mesquita, "The Middle Ages Contributions to Cardiovascular Medicine," *Braz. J. Cardiovasc. Surg.*, 31, 2, 163 (April 2016).

Rafael Romero Reveron, "Herophilus and Erasistratus, Pioneers of Human Anatomical Dissection," *Vesalius*, 20, 1, 55 (2014).

Ariel Roguin, "Rene Theophile Hyacinthe Laënnec (1781-1826) : The Man Behind the Stethoscope," *J. Clin. Med. Res.*, 4, 3, 230 (2006).

Annika Rosengren et al., "Association of Psychosocial Risk Factors with Risk of Acute Myocardial Infarction in 11,119 Cases and 13,648 Controls from 52 Countries (the INTERHEART Study) : Case-Control Study," *Lancet*, 364, 9438, 953 (2004).

Max Roser, Esteban Ortiz-Ospina, Hannah Ritchie, "Life Expectancy," Our World in Data, last revised October 2019. https://ourworldindata.org/life-expectancy

Kaoru Sakatani, "Concept of Mind and Brain in Traditional Chinese Medicine," *Data Sci. J.*, 6, 220 (Suppl., 2007).

Fred Shaffer et al., "A Healthy Heart Is Not a Metronome: An Integrative Review of the Heart's Anatomy and Heart Rate Variability," *Front. Psychol.*, 5, 1040 (2014).

Mahek Shah et al., "Etiologies, Predictors, and Economic Impact of Readmission Within 1 Month Among Patients with Takotsubo Cardiomyopathy," *Clin. Cardiol.*, 41, 7, 916 (July 2018).

Mark E. Silverman, "Andreas Vesalius and de Humani Corporis Fabrica," *Clin. Cardiol.*, 14, 276 (1991).

William W. E. Slights, "The Narrative Heart of the Renaissance," *Renaiss. Reform.*, 26, 1, 5 (2002).

L. Z. Song et al., "Heart-Focused Attention and Heart-Brain Synchronization: Energetic and Physiological Mechanisms," *Altern. Ther. Health Med.*, 4, 5, 44 (September 1998).

Brandon Specktor, "Evolution Turned This Fish Into a 'Penis with a Heart.' Here's How," Live Science, August 3, 2020. https://www.livescience.com/anglerfish-fusion-sex-immune-system.html

Snorre Sturlason, "Heimskringla-The Norse King Sagas," Read Books (2011). [『ヘイムスクリングラ　北欧王朝史』(一) ~ (四), 谷口幸男訳, プレスポート・北欧文化通信社 (2008 ~ 2010)]

Jeremy B. Swann et al., "The Immunogenetics of Sexual Parasitism," *Science*, 369, 6511 1608 (2020).

Julian F. Thayer, Richard D. Lane, "Claude Bernard and the Heart-Brain Connection: Further Elaboration of a Model of Neurovisceral Integration," *Neurosci. Biobehav. Rev.*, 33, 2, 81 (2009).

Randall C. Thompson et al., "Atherosclerosis Across 4000 Years of Human History: The

Department of Alpes De Haute Provence," *Int. J. Osteoarchaeol.*, 14, 1, 67 (2004).

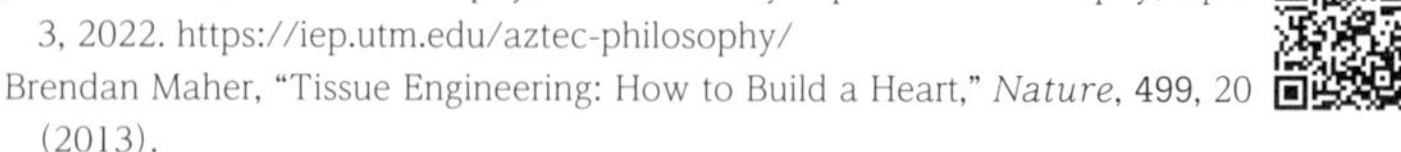

James Maffie, "Aztec Philosophy," Internet Encyclopedia of Philosophy, April 3, 2022. https://iep.utm.edu/aztec-philosophy/

Brendan Maher, "Tissue Engineering: How to Build a Heart," *Nature*, 499, 20 (2013).

Rollin McCraty et al., "The Coherent Heart: Heart-Brain Interactions, Psychophysiological Coherence, and the Emergence of System-Wide Order," *Integral Review*, 5, 2, 10 (December 2009).

J. J. McNamara et al., "Coronary Artery Disease in Combat Casualties in Vietnam," *JAMA*, 216, 7, 1185 (1971).

Michael Miller, "Emotional Rescue: The Heart-Brain Connection," *Cerebrum* (May 2019) : cer-05-19.

T. Christian Miller, "A History of the Purple Heart," NPR, September 2010. https://www.npr.org/templates/story/story.php?storyId=129711544

Jonathan Miner, Adam Hoffhines, "The Discovery of Aspirin's Antithrombotic Effects," *Tex. Heart Inst. J.*, 34, 179 (2007).

Manoel E. S. Modelli et al., "Atherosclerosis in Young Brazilians Suffering Violent Deaths: A Pathological Study," *BMC Res. Notes*, 4, 531 (2011).

Maria Rosa Montinari, Sergio Minelli, "The First 200 Years of Cardiac Auscultation and Future Perspectives," *J. Multidiscip. Healthc.*, 12, 183 (2109).

Kiran Musunuru et al., "In Vivo CRISPR Base Editing of PCSK9 Durably Lowers Cholesterol in Primates," *Nature*, 593, 7859, 429 (2021).

Nature Editors, "Samuel Siegfried Karl von Basch (1837-1905)," *Nature*, 140, 393 (1937).

Amentet Neferet, "Ancient Egyptian Dictionary," accessed December 2021. https://seshkemet.weebly.com/78812-dictionary.html

John F Nunn, "Ancient Egyptian Medicine," British Museum Press (1996).

W. P. Obrastzow, N. D. Staschesko, "Zur Kenntnissder Thrombose der Coronararterien des Herzens," *Zeitschrift für klinische Medizin*, 71, 12 (1910).

Marjorie O'Rourke Boyle, "Aquinas's Natural Heart," *Early Sci. Med.*, 18, 3, 266 (2013)

Marjorie O'Rourke Boyle, "Cultural Anatomies of the Heart in Aristotle, Augustine, Aquinas, Calvin, and Harvey," Palgrave Macmillan (2018).

Kishor Patwardhan, "The History of the Discovery of Blood Circulation: Unrecognized Contributions of Ayurveda Masters," *Adv. Physiol. Educ.*, 36, 2, 77 (2012).

Paul, "Door 23: The Heart of a King." Geological Society of London (blog), December 23, 2014. https://blog.geolsoc.org.uk/2014/12/23/the-heart-of-a-king/

A. Perciaccante et al., "The Death of Balzac (1799-1850) and the Treatment of Heart Failure During the Nineteenth Century," *J. Card. Fail.*, 22, 11, 930 (2016).

Matteo Pettinari et al, "The State of Robotic Cardiac Surgery in Europe," *Ann. Cardiothorac. Surg.*, 6, 1, 1 (2017).

Transactions, The Royal College of London, 2, 59 (1772).

Apit Hemakom et al., "Quantifying Team Cooperation Through Intrinsic Multi-Scale Measures: Respiratory and Cardiac Synchronization in Choir Singers and Surgical Teams," *R. Soc. Open Sci.*, 4, 12, 170853 (November 2017).

James B. Herrick, "Clinical Features of Sudden Obstruction of the Coronary Arteries," *JAMA*, 59, 2015 (1912).

Akon Higuchi et al., "Stem Cell Therapies for Myocardial Infarction in Clinical Trials: Bioengineering and Biomaterial Aspects," *Lab. Investig.*, 97, 1167 (2017).

Shixing Huang et al., "Engineered Circulatory Scaffolds for Building Cardiac Tissue," *J. Thorac. Dis.*, 10, S2312 (Suppl. 20; 2018).

Laura Iop et al., "The Rapidly Evolving Concept of Whole Heart Engineering." *Stem Cells Int.*, 8920940 (2017).

William James, "The Principles of Psychology," Henry Holt (1890).

V. Jayaram, "The Meaning and Significance of Heart in Hinduism," 2019. https://www.hinduwebsite.com/hinduism/essays/the-meaning-and-significance-of-heart-in-hinduism.asp

Adi Kalin, "Frau Minne hat sich gut gehalten," NZZ, November 25, 2009. https://www.nzz.ch/frau_minne_hat_sich_gut_gehalten-ld.930946?reduced=true

Andreas Keller et al., "New Insights Into the Tyrolean Iceman's Origin and Phenotype as Inferred by Whole-Genome Sequencing," *Nat. Commun.*, 3, 698 (February 2012).

Edmund King, "Arthur Coga's Blood Transfusion (1667)," Public Domain Review, April 15, 2014. https://publicdomainreview.org/collection/arthur-coga-s-blood-transfusion-1667

Helen King, "Greek and Roman Medicine," Bristol Classical Press (2001).

Martha Längin et al., "Consistent Success in Life-Supporting Porcine Cardiac Xenotransplantation," *Nature*, 564, 7736, 430 (2018)

Moo-Sik Lee et al., "Personalized Medicine in Cardiovascular Diseases," *Korean Circ. J.*, 42, 9, 583 (September 2012).

C. W. Lillehei, "The Society Lecture. European Society for Cardiovascular Surgery Meeting, Montpellier, France, September 1992. The Birth of Open-Heart Surgery: Then the Golden Years," *Cardiovasc Surg.*, 2, 3, 308 (1994).

Marios Loukas et al. "Raymond de Vieussens," *Anat. Sci. Int.*, 82, 4, 233, (2007).

Xiaoya Ma et al., "An Exceptionally Preserved Arthropod Cardiovascular System from the Early Cambrian," *Nat. Commun.*, 5, 3560 (2014).

A. H. E. M. Maas, Y. E. A. Appelman, "Gender Differences in Coronary Heart Disease," *Neth. Heart J.*, 18, 12, 598 (December 2010).

Ambrosius Aurelius Theodosius Macrobius, "Seven Books of the Saturnalia," accessed April 2022, https://www.loc.gov/item/2021667911/

Bertrand Mafart, "Post-Mortem Ablation of the Heart: A Medieval Funerary Practice. A Case Observed at the Cemetery of Ganagobie Priory in the French

Classics (2003).
Rienzi Díaz-Navarro, "Takotsubo Syndrome: The Broken-Heart Syndrome," *Br. J. Cardiol.*, 28, 30 (2021).
Hawa Edriss et al., "Islamic Medicine in the Middle Ages," *Am. J. Med. Sci.*, 354, 3, 223 (September 2017).
Michael S. Emery, Richard J. Kovacs, "Sudden Cardiac Death in Athletes," *JACC Heart Fail.*, 6, 1, 30 (2018).
W. F. Enos et al., "Coronary Disease Among United States Soldiers Killed in Action in Korea: Preliminary Report," *JAMA* 152, 12, 1090 (1953).
Raymond Oliver Faulkner, "The Ancient Egyptian Book of the Dead," British Museum Press (2010).
Irene Fernández-Ruiz, "Breakthrough in Heart Xenotransplantation," *Nat. Rev. Cardiol.*, 16, 2, 69 (February 2019).
Roberto Ferrari et al., "Heart Failure: An Historical Perspective," Eur. *Heart J. Supplements*, 18, G_3 (Suppl. G, 2016).
Vincent M. Figueredo, "The Time Has Come for Physicians to Take Notice: The Impact of Psychosocial Stressors on the Heart," *Am J Med.*, 122, 8, 704 (2009).
Thomas Fuchs, "Mechanization of the Heart: Harvey and Descartes," trans. Marjorie Grene, University of Rochester Press (2001).
W. Bruce Fye, "A History of the Origin, Evolution, and Impact of Electrocardiography," *Am. J. Cardiol.*, 73, 13, 937 (1994).
W. Bruce Fye, "Profiles in Cardiology: René Descartes," *Clin. Cardiol.*, 26, 1, 49 (2003).
K. Gabisonia G. Prosdocimo et al., "MicroRNA Therapy Stimulates Uncontrolled Cardiac Repair After Myocardial Infarction in Pigs," *Nature*, 569, 7756, 418 (2019).
Sarah Garfinkel, "It's an Intriguing World That Is Opening Up," *The Psychologist*, 32, 38 (January 2019).
Global Observatory on Donation and Transplantation, "Total Heart," April 3, 2022. http://www.transplant-observatory.org/data-charts-and-tables/chart/
Alan S. Go et al., "Heart Disease and Stroke Statistics-2013 Update: A Report from the American Heart Association," *Circulation*, 127, 1, e6 (January 2013).
M. Grossman et al., "Successful Ex Vivo Gene Therapy Directed to Liver in a Patient with Familial Hypercholesterolaemia," *Nat. Genet.*, 6, 4, 335 (1994).
Rachel Hajar, "Al-Razi: Physician for All Seasons," *Heart Views*, 6, 1, 39 (2005).
Rachel Hajar, "Coronary Heart Disease: From Mummies to 21st Century," *Heart Views*, 18, 2, 68 (2017).
C. R. S. Harris, "The Heart and Vascular System in Ancient Greek Medicine: From Alcmaeon to Galen," Oxford University Press (1973).
Haverford College, Intro to Environmental Anthropology Class, "The Gwich'in People: Caribou Protectors," December 2021. https://anthro281.netlify.app
William Heberden, "Some Account of a Disorder of the Breast," *Medical*

Angiotensin System," *West. J. Med.*, 175, 2, 119 (August 2001).

Dean Burnett, "Why Elderly Couples Often Die Together: The Science of Broken Hearts." Guardian, January 9, 2015. https://www.theguardian.com/lifeandstyle/shortcuts/2015/jan/09/why-elderly-couples-die-together-science-broken-hearts

Marco Cambiaghi, Heidi Hausse, "Leonardo da Vinci and His Study of the Heart," *Eur. Heart J.*, 40, 23, 1823 (2019).

Piero Camporesi, "The Incorruptible Flesh: Bodily Mutation and Mortification in Religion and Folklore," Cambridge University Press (1988).

Centers for Disease Control and Prevention, "Disparities in Premature Deaths from Heart Disease," February 19, 2004. https://www.cdc.gov/mmwr/preview/mmwrhtml/mm5306a2.htm

Centers for Disease Control and Prevention, "Heart Disease Facts." February 7, 2022. https://www.cdc.gov/heart-disease/data-research/facts-stats/?CDC_AAref_Val=https://www.cdc.gov/heartdisease/facts.htm

Centers for Disease Control and Prevention, "Preventing 1 Million Heart Attacks and Strokes," September 6, 2018. https://archive.cdc.gov/#/details?url=https://www.cdc.gov/vitalsigns/million-hearts/index.html

Tara Chand et al., "Heart Rate Variability as an Index of Differential Brain Dynamics at Rest and After Acute Stress Induction," *Front. Neurosci.*, 14, 645 (July 2020).

U. Kei Cheang, Min Jun Kim, "Self-Assembly of Robotic Micro- and Nanoswimmers Using Magnetic Nanoparticles," *J. Nanoparticle Res.*, 17, 145 (2015)

Eugenio Cingolani et al., "Next-Generation Pacemakers: From Small Devices to Biological Pacemakers," *Nat. Rev. Cardiol.*, 15, 3, 139 (2018).

Coding in Tune. "Most Used Words in Lyrics by Genre." (April 9, 2018).

Michael D. Coe, Rex Koontz, "Mexico: From the Olmecs to the Aztecs," Thames & Hudson (2008).

Lawrence H. Cohn, "Fifty Years of Open-Heart Surgery," *Circulation*, 107, 17, 2168 (2003).

Dawn Connelly, "A History of Aspirin," Pharmaceutical Journal, September 2014. https://pharmaceutical-journal.com/article/infographics/a-history-of-aspirin

Stacey Conradt, "Mary Shelley's Favorite Keepsake: Her Dead Husband's Heart," Mental Floss, July 8, 2015. https://www.mentalfloss.com/article/65624/mary-shelleys-favorite-keepsake-her-dead-husbands-heart

Hugo D. Critchley, Sarah N. Garfinkel, "Interoception and Emotion," *Curr. Opin. Psychol.*, 17, 7 (April 2017).

Stephanie Dalley, "Myths from Mesopotamia: Creation, the Flood, Gilgamesh, and Others," Oxford University Press (1989).

Bernal Diaz Del Castillo, "The True History of the Conquest of New Spain," Penguin

参考文献

"The Epic of Gilgamesh," trans. Nancy Katharine Sandars, Penguin Books (1972).

Sirisha Achanta et al., "A Comprehensive Integrated Anatomical and Molecular Atlas of Rat Intrinsic Cardiac Nervous System," *iScience*, 23, 6, 101140 (June 2020). https://doi.org/10.1016/j.isci.2020.101140

Adel H. Allam et al., "Computed Tomographic Assessment of Atherosclerosis in Ancient Egyptian Mummies," *JAMA*, 302, 19, 2091 (November 2009).

Ali M. Alshami, "Pain: Is It All in the Brain or the Heart?," *Curr. Pain Headache Rep.*, 23, 12, 88 (November 2019).

American College of Cardiology, "Cover Story | Health Disparities and Social Determinants of Health: Time for Action," June 11, 2020. https://www.acc.org/latest-in-cardiology/articles/2020/06/01/12/42/cover-story-health-disparities-and-social-determinants-of-health-time-for-action

American Heart Association, "Championing Health Equity for All," April 2022. https://www.heart.org/en/about-us/2024-health-equity-impact-goal

American Heart Association, "The Facts About Women and Heart Disease," updated April 2022. https://www.goredforwomen.org/en/about-heart-disease-in-women/facts

American Heart Association, "Recommendations for Physical Activity in Adults and Kids," Last reviewed April 18, 2018. https://www.heart.org/en/healthy-living/fitness/fitness-basics/aha-recs-for-physical-activity-in-adults

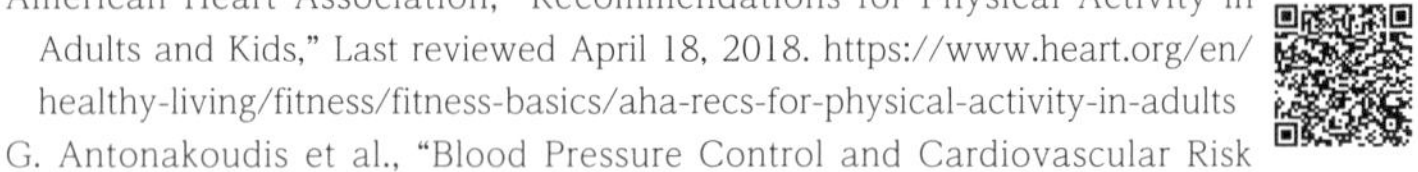

G. Antonakoudis et al., "Blood Pressure Control and Cardiovascular Risk Reduction," *Hippokratia*, 11, 3, 114 (July 2007).

O. Aquilina, "A Brief History of Cardiac Pacing," *Images Paediatr Cardiol.*, 8, 2, 17 (April-June 2006).

Luis-Alfonso Arráez-Aybar et al., "Thomas Willis, a Pioneer in Translational Research in Anatomy (on the 350th Anniversary of Cerebri Anatome)," *J. Anat.*, 226, 3, 289 (March 2015).

Katie Barclay, "Dervorgilla of Galloway (abt 1214-abt 1288)," Women's History Network, August 15, 2010. https://womenshistorynetwork.org/dervorgilla-of-galloway-abt-1214-abt-1288/

Molly H. Bassett, "The Fate of Earthly Things: Aztec Gods and God-Bodies," University of Texas Press (1980).

Gordon Bendersky, "The Olmec Heart Effigy: Earliest Image of the Human Heart," *Perspect. Biol. Med.*, 40, 3, 348 (Spring 1997).

Raffaella Bianucci et al., "Forensic Analysis Reveals Acute Decompensation of Chronic Heart Failure in a 3500-Year-Old Egyptian Dignitary," *J. Forensic Sci.*, 61, 5, 1378 (September 2016).

Timothy Bishop, Vincent M. Figueredo, "Hypertensive Therapy: Attacking the Renin-

Bioengineering and Biomaterial Aspects," *Lab. Investig.*, 97, 1167 (2017).

5. Shixing Huang et al., "Engineered Circulatory Scaffolds for Building Cardiac Tissue," *J. Thorac. Dis.*, 10, S2312 (Suppl. 20; 2018).
6. Brendan Maher, "Tissue Engineering: How to Build a Heart," *Nature*, 499, 20 (2013).
7. Laura Iop et al., "The Rapidly Evolving Concept of Whole Heart Engineering." *Stem Cells Int.*, 8920940 (2017).
8. Frederick J. Raal et al., "Inclisiran for the Treatment of Heterozygous Familial Hypercholesterolemia," *N. Engl. J. Med.*, 382, 16, 1520 (2020).
9. Kiran Musunuru et al., "In Vivo CRISPR Base Editing of PCSK9 Durably Lowers Cholesterol in Primates," *Nature*, 593, 7859, 429 (2021).
10. U. Kei Cheang, Min Jun Kim, "Self-Assembly of Robotic Micro- and Nanoswimmers Using Magnetic Nanoparticles," *J. Nanoparticle Res.*, 17, 145 (2015) ; Jiangfan Yu et al., "Ultra-Extensible Ribbon-Like Magnetic Microswarm," *Nat. Commun.*, 9, 1, 3260 (2018).
11. Eugenio Cingolani et al., "Next-Generation Pacemakers: From Small Devices to Biological Pacemakers," *Nat. Rev. Cardiol.*, 15, 3, 139 (2018).
12. Irene Fernández-Ruiz, "Breakthrough in Heart Xenotransplantation," *Nat. Rev. Cardiol.*, 16, 2, 69 (February 2019) ; Martha Längin et al., "Consistent Success in Life-Supporting Porcine Cardiac Xenotransplantation," *Nature*, 564, 7736, 430 (2018).
13. Matteo Pettinari et al., "The State of Robotic Cardiac Surgery in Europe," *Ann. Cardiothorac. Surg.*, 6, 1, 1 (2017).

2. Annika Rosengren et al., "Association of Psychosocial Risk Factors with Risk of Acute Myocardial Infarction in 11,119 Cases and 13,648 Controls from 52 Countries (the INTERHEART Study) : Case-Control Study," *Lancet*, 364, 9438, 953 (2004).
3. Michael Miller, "Emotional Rescue: The Heart-Brain Connection," *Cerebrum* (May 2019) : cer-05-19.
4. Rollin McCraty et al., "The Coherent Heart: Heart-Brain Interactions, Psychophysiological Coherence and the Emergence of System-Wide Order," *Integral Review*, 5, 2, 10 (December 2009) ; Tara Chand et al., "Heart Rate Variability as an Index of Differential Brain Dynamics at Rest and After Acute Stress Induction," *Front. Neurosci.*, 14, 645 (July 2020) ; Sarah Garfinkel, "It's an Intriguing World That Is Opening Up," *The Psychologist*, 32, 38 (January 2019) ; Fred Shaffer et al., "A Healthy Heart Is Not a Metronome: An Integrative Review of the Heart's Anatomy and Heart Rate Variability," *Front. Psychol.*, 5, 1040 (2014).
5. Ali M. Alshami, "Pain: Is It All in the Brain or the Heart?," *Curr. Pain Headache Rep.*, 23, 12, 88 (November 2019).
6. Sirisha Achanta et al., "A Comprehensive Integrated Anatomical and Molecular Atlas of Rat Intrinsic Cardiac Nervous System," *iScience*, 23, 6, 101140 (June 2020).
7. L. Z. Song et al., "Heart-Focused Attention and Heart-Brain Synchronization: Energetic and Physiological Mechanisms," *Altern. Ther. Health Med.*, 4, 5, 44 (September 1998).
8. Björn Vickhoff et al., "Music Structure Determines Heart Rate Variability of Singers," *Front. Psychol.*, 4, 334 (July 2013) ; Apit Hemakom et al., "Quantifying Team Cooperation Through Intrinsic Multi-Scale Measures: Respiratory and Cardiac Synchronization in Choir Singers and Surgical Teams," *R. Soc. Open Sci.*, 4, 12, 170853 (November 2017).
9. Julian F. Thayer, Richard D. Lane, "Claude Bernard and the Heart-Brain Connection: Further Elaboration of a Model of Neurovisceral Integration," *Neurosci. Biobehav. Rev.*, 33, 2, 81 (2009) ; William James, "The Principles of Psychology," Henry Holt (1890).
10. Hugo D. Critchley, Sarah N. Garfinkel, "Interoception and Emotion," *Curr. Opin. Psychol.*, 17, 7 (April 2017).

第 36 章　未来の心臓

1. Moo-Sik Lee et al., "Personalized Medicine in Cardiovascular Diseases," *Korean Circ. J.*, 42, 9, 583 (2012) ; F. Randy Vogenberg et al., "Personalized Medicine: Part 1: Evolution and Development Into Theranostics," *Pharm. Ther.*, 35, 10, 565 (2010).
2. M. Grossman et al., "Successful Ex Vivo Gene Therapy Directed to Liver in a Patient with Familial Hypercholesterolaemia," *Nat. Genet.*, 6, 4, 335 (1994).
3. K. Gabisonia G. Prosdocimo et al., "MicroRNA Therapy Stimulates Uncontrolled Cardiac Repair After Myocardial Infarction in Pigs," *Nature*, 569, 7756, 418 (2019).
4. Akon Higuchi et al., "Stem Cell Therapies for Myocardial Infarction in Clinical Trials:

Coronararterien des Herzens," *Zeitschrift für klinische Medizin*, 71, 12 (1910).

第 31 章　アスピリン

1. Dawn Connelly, "A History of Aspirin," Pharmaceutical Journal, September 2014. https://pharmaceutical-journal.com/article/infographics/a-history-of-aspirin

2. Jonathan Miner, Adam Hoffhines, "The Discovery of Aspirin's Antithrombotic Effects," *Tex. Heart Inst. J.*, 34, 179 (2007).

第 32 章　21 世紀と心臓手術

1. Lawrence H. Cohn, "Fifty Years of Open-Heart Surgery," *Circulation*, 107, 17, 2168 (2003) ; C. W. Lillehei, "The Society Lecture. European Society for Cardiovascular Surgery Meeting, Montpellier, France, September 1992. The Birth of Open-Heart Surgery: Then the Golden Years," *Cardiovasc Surg.*, 2, 3, 308 (1994).
2. Global Observatory on Donation and Transplantation, "Total Heart," April 3, 2022. http://www.transplant-observatory.org/data-charts-and-tables/chart/

第 33 章　心臓の今

1. Centers for Disease Control and Prevention, "Heart Disease Facts," February 7, 2022. https://www.cdc.gov/heart-disease/data-research/facts-stats/?CDC_AAref_Val=https://www.cdc.gov/heartdisease/facts.htm

第 34 章 「傷心症候群」——たこつぼ心筋症

1. A. Tofield, "Hikaru Sato and Takotsubo Cardiomyopathy," *Eur. Heart J.*, 37, 37, 2812 (October 2016).
2. Rienzi Díaz-Navarro, "Takotsubo Syndrome: The Broken-Heart Syndrome," *Br. J. Cardiol.*, 28, 30 (2021).
3. Mahek Shah et al., "Etiologies, Predictors, and Economic Impact of Readmission Within 1 Month Among Patients with Takotsubo Cardiomyopathy," *Clin. Cardiol.*, 41, 7, 916 (July 2018).
4. Vincent M. Figueredo, "The Time Has Come for Physicians to Take Notice: The Impact of Psychosocial Stressors on the Heart," *Am J Med.*, 122, 8, 704 (2009).
5. Dean Burnett, "Why Elderly Couples Often Die Together: The Science of Broken Hearts," Guardian, January 9, 2015. https://www.theguardian.com/lifeandstyle/shortcuts/2015/jan/09/why-elderly-couples-die-together-science-broken-hearts

第 35 章　心臓－脳接続

1. Vincent M. Figueredo, "The Time Has Come for Physicians to Take Notice: The Impact of Psychosocial Stressors on the Heart," *Am J Med.* 122, 8, 704 (2009).

3. Edmund King, "Arthur Coga's Blood Transfusion (1667)," Public Domain Review, April 15, 2014. https://publicdomainreview.org/collection/arthur-coga-s-blood-transfusion-1667

4. Marios Loukas et al., "Raymond de Vieussens," *Anat. Sci. Int.*, 82, 4, 233 (2007).
5. Max Roser, Esteban Ortiz-Ospina, Hannah Ritchie, "Life Expectancy," Our World in Data, last revised October 2019. https://ourworldindata.org/life-expectancy

6. Maria Rosa Montinari, Sergio Minelli, "The First 200 Years of Cardiac Auscultation and Future Perspectives," *J. Multidiscip. Healthc.*, 12, 183 (2109).
7. Ariel Roguin, "Rene Theophile Hyacinthe Laënnec (1781-1826) : The Man Behind the Stethoscope," *J. Clin. Med. Res.*, 4, 3, 230 (2006).
8. William Heberden, "Some Account of a Disorder of the Breast," *Medical Transactions*, The Royal College of London, 2, 59 (1772).
9. 腸線の英語名「catgut」からはネコの腸を使っているような印象を受けるが，この語の由来は「kitgut」，すなわち，「kit」と呼ばれた小さな弦楽器用のガット弦〔家畜の腸から作られる弦〕である〔諸説ある〕．分解・吸収される縫合糸として知られる最古のものは，ヒツジやウシの腸で作られたものだ．それらは早くも紀元３世紀に，ローマにいたガレノスによって医療用縫合糸として使われていた．現在，腸線の縫合糸の多くは，生体吸収性の合成ポリマーに取って代わられている．
10. L. Rehn, "Ueber penetrierende Herzwunden und Herznaht," *Arch Klin Chir*, 55, 315 (1897).
11. Paul, "Door 23: The Heart of a King," Geological Society of London (blog), December 23, 2014. https://blog.geolsoc.org.uk/2014/12/23/the-heart-of-a-king/

12. Stacey Conradt, "Mary Shelley's Favorite Keepsake: Her Dead Husband' Heart," Mental Floss, July 8, 2015. https://www.mentalfloss.com/article/65624/mary-shelleys-favorite-keepsake-her-dead-husbands-heart

第 30 章　20 世紀と心臓疾患

1. Ross Toro, "Leading Causes of Death in the US: 1900-Present (Infographic)", July 1, 2012. https://www.livescience.com/21213-leading-causes-of-death-in-the-u-s-since-1900-infographic.html
2. World Health Organization, "Cardiovascular Diseases," June 2021. https://www.who.int/news-room/fact-sheets/detail/cardiovascular-diseases-(cvds)

3. Ross Toro, "Leading Causes of Death in the US: 1900-Present (Infographic)", July 1, 2012. https://www.livescience.com/21213-leading-causes-of-death-in-the-u-s-since-1900-infographic.html
4. Rachel Hajar, "Coronary Heart Disease: From Mummies to 21st Century," *Heart Views*, 18, 2, 68 (2017).
5. W. P. Obrastzow, N. D. Staschesko, "Zur Kenntnissder Thrombose der

mmwrhtml/mm5306a2.htm

3. World Health Organization, "The Top 10 Causes of Death," December 2020. https://www.who.int/news-room/fact-sheets/detail/the-top-10-causes-of-death

4. World Health Organization, "Cardiovascular Disease," June 2021. https://www.who.int/news-room/fact-sheets/detail/cardiovascular-diseases-(cvds)

5. Centers for Disease Control and Prevention, "Preventing 1 Million Heart Attacks and Strokes," September 6, 2018. https://archive.cdc.gov/#/details?url=https://www.cdc.gov/vitalsigns/million-hearts/index.html

6. American Heart Association, "Championing Health Equity for All," April 2022. https://www.heart.org/en/about-us/2024-health-equity-impact-goal

7. American Heart Association, "Championing Health Equity for All"; American College of Cardiology, "Cover Story | Health Disparities and Social Determinants of Health: Time for Action," June 11, 2020. https://bluetoad.com/publication/?m=14537&i=664103&p=1&ver=html5
8. A. H. E. M. Maas, Y. E. A. Appelman, "Gender Differences in Coronary Heart Disease," *Neth. Heart J.*, 18, 12, 598 (December 2010).
9. Alan S. Go et al., "Heart Disease and Stroke Statistics-2013 Update: A Report from the American Heart Association," *Circulation*, 127, 1, e6 (January 2013).
10. American Heart Association, "The Facts About Women and Heart Disease," April 2022. https://www.goredforwomen.org/en/about-heart-disease-in-women/facts

第 27 章　アスリートの突然死

1. Michael S. Emery, Richard J. Kovacs, "Sudden Cardiac Death in Athletes," *JACC Heart Fail.*, 6, 1, 30 (2018).
2. Meagan M. Wasfy et al., "Sudden Cardiac Death in Athletes," *Methodist Debakey Cardiovasc. J.*, 12, 2, 76 (2016).
3. American Heart Association, "Recommendations for Physical Activity in Adults and Kids," last reviewed April 18, 2018. https://www.goredforwomen.org/en/healthy-living/fitness/fitness-basics/aha-recs-for-physical-activity-in-adults

第 29 章　啓蒙思想と進化論

1. Luis-Alfonso Arráez-Aybar et al., "Thomas Willis, a Pioneer in Translational Research in Anatomy (on the 350th Anniversary of Cerebri Anatome)," *J. Anat.*, 226, 3, 289 (March 2015).
2. John B. West, "Marcello Malpighi and the Discovery of the Pulmonary Capillaries and Alveoli," *Am. J. Physiol. - Lung Cell. Mol. Physiol.*, 304, 6, L383 (2013).

第 22 章　心電図とは何か

1. O. Aquilina, "A Brief History of Cardiac Pacing," *Images in Paediatric Cardiology*, 8, 2, 17 (April-June 2006).

第 23 章　血圧とは何か

1. Nature Editors, "Samuel Siegfried Karl von Basch (1837-1905)," *Nature*, 140, 393 (1937).
2. World Health Organization, "Hypertension," August 25, 2021. https://www.who.int/news-room/fact-sheets/detail/hypertension
3. Timothy Bishop and Vincent M. Figueredo, "Hypertensive Therapy: Attacking the Renin-Angiotensin System," *West. J. Med.*, 175, 2, 119 (August 2001).
4. William Osler, "An Address on High Blood Pressure: Its Associations, Advantages, and Disadvantages: Delivered at the Glasgow Southern Medical Society," *Br. Med. J.*, 2, 2705, 1173 (November 2, 1912).
5. G. Antonakoudis et al., "Blood Pressure Control and Cardiovascular Risk Reduction," *Hippokratia*, 11, 3, 114 (July 2007).

第 24 章　心不全とは何か

1. A. Perciaccante et al., "The Death of Balzac (1799-1850) and the Treatment of Heart Failure During the Nineteenth Century," *J. Card. Fail.*, 22, 11, 930 (2016).
2. Raffaella Bianucci et al., "Forensic Analysis Reveals Acute Decompensation of Chronic Heart Failure in a 3500-Year-Old Egyptian Dignitary," *J. Forensic Sci.*, 61, 5, 1378 (September 2016).
3. Roberto Ferrari et al., "Heart Failure: An Historical Perspective," *Eur. Heart J. Supplements*, 18, G_3 (Suppl. G, 2016).

第 25 章　「狭心症」とは何か

1. W. F. Enos et al., "Coronary Disease Among United States Soldiers Killed in Action in Korea: Preliminary Report," *JAMA*, 152, 12, 1090 (1953).
2. J. J. McNamara et al., "Coronary Artery Disease in Combat Casualties in Vietnam," *JAMA*, 216, 7, 1185 (1971).
3. Manoel E. S. Modelli et al., "Atherosclerosis in Young Brazilians Suffering Violent Deaths: A Pathological Study," *BMC Res. Notes*, 4, 531 (2011).
4. James B. Herrick, "Clinical Features of Sudden Obstruction of the Coronary Arteries," *JAMA*, 59, 2015 (1912).

第 26 章　心臓疾患における性、人種、民族

1. U.S. Department of Health and Human Services Office of Minority Health, "Heart Disease and African Americans," January 31, 2022.
2. Centers for Disease Control, "Disparities in Premature Deaths from Heart Disease," February 19, 2004. https://www.cdc.gov/mmwr/preview/

Exercise 52 (1651).
5. W. Bruce Fye, "Profiles in Cardiology: René Descartes," *Clin. Cardiol.*, 26, 1, 49 (2003).
6. Descartes, "Traité de l'homine (Treatise on Man)," (1664).〔『デカルト著作集 4』「人間論」伊東俊太郎／塩川徹 訳，白水社（1973)〕

第 13 章　美術のなかの心臓
1. Pierre Vinken, "How the Heart Was Held in Medieval Art," *Lancet*, 358, 9299, 2155 (2001).
2. Adi Kalin, "Frau Minne hat sich gut gehalten," NZZ, November 25, 2009, https://www.nzz.ch/frau_minne_hat_sich_gut_gehalten-ld.930946

3. Gordon Bendersky, "The Olmec Heart Effigy: Earliest Image of the Human Heart," *Perspect. Biol. Med.*, 40, 3, 348 (Spring 1997).

第 14 章　文学のなかの心臓
1. William W. E. Slights, "The Narrative Heart of the Renaissance," *Renaiss. Reform.*, 26, 1, 5 (2002).

第 15 章　音楽のなかの心臓
1. Coding in Tune, "Most Used Words in Lyrics by Genre," April 9, 2018.

第 16 章　心臓にまつわる儀式
1. Ambrosius Aurelius Theodosius Macrobius, "Seven Books of the Saturnalia," accessed April 2022, https://www.loc.gov/item/2021667911/

2. T. Christian Miller, "A History of the Purple Heart," NPR, September 2010, https://www.npr.org/templates/story/story.php?storyId=129711544

第 18 章　心臓の解剖学
1. Xiaoya Ma et al., "An Exceptionally Preserved Arthropod Cardiovascular System from the Early Cambrian," *Nat. Commun.*, 5, 3560 (2014).
2. Brandon Specktor, "Evolution Turned This Fish Into a 'Penis with a Heart.' Here's How," Live Science, August 3, 2020. https://www.livescience.com/anglerfish-fusion-sex-immune-system.html

3. Jeremy B. Swann et al., "The Immunogenetics of Sexual Parasitism," *Science*, 369, 6511, 1608 (2020).

第 21 章　心臓の電気系統
1. W. Bruce Fye, "A History of the Origin, Evolution, and Impact of Electrocardiography," *Am. J. Cardiol.*, 73, 13, 937 (1994).

2. André Silva Ranhel, Evandro Tinoco Mesquita, “The Middle Ages Contributions to Cardiovascular Medicine,” *Braz. J. Cardiovasc. Surg.*, 31, 2, 163 (April 2016).
3. Rachel Hajar, “Al-Razi: Physician for All Seasons,” *Heart Views*, 6, 1, 39 (2005).
4. Rachel Hajar, “Al-Razi: Physician for All Seasons,” *Heart Views*, 6, 1, 41 (2005).

第9章　ヴァイキングの冷たい「イェルタ（心臓）」

1. Snorre Sturlason, “Heimskringla-The Norse King Sagas,” Read Books (2011). [『ヘイムスクリングラ　北欧王朝史』(一) ～ (四), 谷口幸男 訳, プレスポート・北欧文化通信社 (2008 ～ 2010)]

第10章　アメリカ大陸の生贄の心臓

1. Michael D. Coe and Rex Koontz, “Mexico: From the Olmecs to the Aztecs,” Thames and Hudson (2008).
2. James Maffie, “Aztec Philosophy,” Internet Encyclopedia of Philosophy, April 3, 2022. https://iep.utm.edu/aztec-philosophy/
3. Molly H. Bassett, “The Fate of Earthly Things: Aztec Gods and God-Bodies,” University of Texas Press (1980).
4. Gabriel Prieto et al., “A Mass Sacrifice of Children and Camelids at the Huanchaquito-Las Llamas Site, Moche Valley, Peru,” *PLoS One*, 14, 3, e0211691 (2019).
5. Bernal Diaz Del Castillo, “The True History of the Conquest of New Spain,” Penguin Classics (2003), p.104.
6. Haverford College, Intro to Environmental Anthropology Class, The Gwich’in People: Caribou Protectors, December 2021. https://anthro281.netlify.app

第11章　心臓のルネサンス（再生）

1. William W. E. Slights, “The Narrative Heart of the Renaissance,” *Renaiss. Reform.*, 26, 1, 5 (2002).
2. Marco Cambiaghi and Heidi Hausse, “Leonardo da Vinci and His Study of the Heart,” *Eur. Heart J.*, 40, 23, 1823 (2019).
3. Mark E. Silverman, “Andreas Vesalius and de Humani Corporis Fabrica,” *Clin. Cardiol.*, 14, 276 (1991).

第12章　彼方此方へ

1. Thomas Fuchs, “Mechanization of the Heart: Harvey and Descartes,” trans. Marjorie Grene, University of Rochester Press (2001).
2. William Harvey, “Exercitatio Anatomica de Motu Cordis et Sanguinis in Animalibus,” chap. 13. [『動物の心臓ならびに血液の運動に関する解剖学的研究』暉峻義等 訳, 岩波書店 (1961)]
3. William Harvey, “Lectures on the Whole of Anatomy,” p.92.
4. William Harvey, “Exercitationes de Generatione Animalium (On Animal Generation),”

2. Marjorie O'Rourke Boyle, "Cultural Anatomies of the Heart in Aristotle, Augustine, Aquinas, Calvin, and Harvey," Palgrave Macmillan (2018).
3. Celsus, "Prooemium: De Medicina," Book 1, ed. W. G. Spencer, Harvard University Press (1971).〔『医事学研究』1 巻～ 16 巻，「古典医学書翻訳 ケルスス，『医学論』」，石渡隆司／大沢久人／菅野耕毅／菅野晶子／武田紀夫／深沢力 訳，石渡隆司 編，岩手医科大学（1986 ~ 2001)〕
4. C. R. S. Harris, "The Heart and Vascular System in Ancient Greek Medicine: From Alcmaeon to Galen," Oxford University Press (1973), p.271.
5. Helen King, "Greek and Roman Medicine," Bristol Classical Press (2001).
6. C. R. S. Harris, "The Heart and Vascular System in Ancient Greek Medicine: From Alcmaeon to Galen," Oxford University Press (1973), p.271.
7. Galen, "On the Affected Parts," V:1,2.

第６章　古代の心臓疾患

1. Adel H. Allam et al., "Computed Tomographic Assessment of Atherosclerosis in Ancient Egyptian Mummies," *JAMA*, 302, 19, 2091 (November 2009).
2. Randall C. Thompson et al., "Atherosclerosis Across 4000 Years of Human History: The Horus Study of Four Ancient Populations," *Lancet*, 381, 9873, 1211 (2013).
3. Andreas Keller et al., "New Insights Into the Tyrolean Iceman's Origin and Phenotype as Inferred by Whole-Genome Sequencing," *Nat. Commun.*, 3, 698 (February 2012).

第７章　暗黒時代

1. Heather Webb, "The Medieval Heart," Yale University Press (2010).
2. Piero Camporesi, "The Incorruptible Flesh: Bodily Mutation and Mortification in Religion and Folklore," trans. Tania Croft-Murray, Cambridge University Press (1988).
3. Piero Camporesi, "The Incorruptible Flesh: Bodily Mutation and Mortification in Religion and Folklore," trans. Tania Croft-Murray, Cambridge University Press (1988), p. 5.
4. Bertrand Mafart, "Post-Mortem Ablation of the Heart: A Medieval Funerary Practice. A Case Observed at the Cemetery of Ganagobie Priory in the French Department of Alpes De Haute Provence," *Int. J. Osteoarchaeol.*, 14, 1, 67 (2004).
5. Katie Barclay, "Dervorgilla of Galloway (abt 1214–abt 1288)," Women's History Network, August 15, 2010. https://womenshistorynetwork.org/dervorgilla-of-galloway-abt-1214-abt-1288/ 
6. Marjorie O'Rourke Boyle, "Aquinas's Natural Heart," *Early Sci. Med.*, 18, 3, 266 (2013).

第８章　イスラムの黄金時代

1. Hawa Edriss et al., "Islamic Medicine in the Middle Ages," *Am. J. Med. Sci.*, 354, 3, 223 (September 2017).

語』]), Ming Dynasty, 1570. https://classicalchinesemedicine.org/heart-selected-readings

9. Li Ting, "A Primer of Medicine" (Yixue Rumen [『醫學入門』]), 1575. https://classicalchinesemedicine.org/heart-selected-readings

10. K. Chimin Wong, Wu Lien-Teh, "History of Chinese Medicine: Being a Chronicle of Medical Happenings in China from Ancient Times to the Present Period," 2nd ed. National Quarantine Service, and reprinted by Taipei, Southern Materials Center (1936), p.35.
11. Kishor Patwardhan, "The History of the Discovery of Blood Circulation: Unrecognized Contributions of Ayurveda Masters," *Adv. Physiol. Educ.*, 36, 2, 77 (2012).

第２章　心と魂

1. Amentet Neferet, "Ancient Egyptian Dictionary", accessed December 2021. https://seshkemet.weebly.com/78812-dictionary.html
2. Kaoru Sakatani, "Concept of Mind and Brain in Traditional Chinese Medicine," *Data Sci. J.*, 6, 220 (Suppl., 2007).
3. V. Jayaram, "The Meaning and Significance of Heart in Hinduism," 2019. https://www.hinduwebsite.com/hinduism/essays/the-meaning-and-significance-of-heart-in-hinduism.asp
4. C. R. S. Harris, "The Heart and Vascular System in Ancient Greek Medicine: From Alcmaeon to Galen," Oxford University Press (1973).
5. C. R. S. Harris, "The Heart and Vascular System in Ancient Greek Medicine: From Alcmaeon to Galen," Oxford University Press (1973).

第３章　心臓と神

1. Kenneth G. Zysk, "Religious Medicine: The History and Evolution of Indian Medicine," Transaction (1993).
2. Marjorie O'Rourke Boyle, "Cultural Anatomies of the Heart in Aristotle, Augustine, Aquinas, Calvin, and Harvey," Palgrave Macmillan (2018).

第４章　感情に満ちた心

1. Kenneth G. Zysk, "Religious Medicine: The History and Evolution of Indian Medicine," Transaction (1993).
2. C. R. S. Harris, "The Heart and Vascular System in Ancient Greek Medicine: From Alcmaeon to Galen," Oxford University Press (1973).
3. Helen King, "Greek and Roman Medicine," Bristol Classical Press (2001).

第５章　古代における心臓の理解

1. C. R. S. Harris, "The Heart and Vascular System in Ancient Greek Medicine: From Alcmaeon to Galen," Oxford University Press (1973).

原　注

複数の文献はセミコロン（;）で区切っている．

特記がないかぎり，すべてのウェブサイトのURLは2025年2月26日時点で有効．

ここに記した参照URLは本書の書誌ページ（https://www.kagakudojin.co.jp/book/b659076.html）にリンク先としてまとめてある．

序章

1. William Harvey, "Exercitationes de Generatione Animalium (On Animal Generation)," Exercise 52 (1651).
2. Rollin McCraty et al., "The Coherent Heart: Heart-Brain Interactions, Psychophysiological Coherence, and the Emergence of System-Wide Order," *Integral Review*, 5, 2, 10 (December 2009).
3. Ross Toro, Leading Causes of Death in the US: 1900-Present, (Infographic), July 1, 2012. https://www.livescience.com/21213-leading-causes-of-death-in-the-u-s-since-1900-infographic.html

4. Irene Fernández-Ruiz, "Breakthrough in Heart Xenotransplantation," *Nat. Rev. Cardiol.*, 16, 2, 69 (February 2019).
5. Moo-Sik Lee et al., "Personalized Medicine in Cardiovascular Diseases," *Korean Circ. J.*, 42, 9, 583 (September 2012).

第1章　心臓は命

1. "The Epic of Gilgamesh," trans. Nancy Katharine Sandars, Penguin (1972).〔『ギルガメシュ叙事詩』矢島文夫 訳，筑摩書房（1998）;『ギルガメシュ叙事詩』月本昭男 訳，岩波書店（1996）など〕
2. Stephanie Dalley, "Myths from Mesopotamia: Creation, the Flood, Gilgamesh, and Others," Oxford University Press (1989).
3. Spell 30, Book of the Dead, Papyrus of Ani, 1240 BCE. in Raymond Oliver Faulkner, "The Ancient Egyptian Book of the Dead," British Museum Press (2010).
4. John F. Nunn, "Ancient Egyptian Medicine," British Museum Press (1996).
5. Kaoru Sakatani, "Concept of Mind and Brain in Traditional Chinese Medicine," *Data Sci. J.*, 6, 220 (Suppl., 2007).
6. Guan Zhong, Guanzi〔『管子』〕, Chapter 36, "Techniques of the Heart," in Xiang Liu and W Allyn Rickett, Guanzi: Political, Economic, and Philosophical Essays from Early China, Princeton University Press (1985).
7. Huainanzi〔『淮南子』〕IX and XX, in Liu An, King of Huinan, "The Huainanzi: A Guide to the Theory and Practice of Government in Early Han China," ed. and trans. John S. Major, Sarah A. Queen, Andrew Seth Meyer, Harold D. Roth, Columbia University Press (2010).
8. Li Yuheng, "Unfolding the Mat with Enlightening Words," (Tuipeng Wuyu〔『推篷寤

や・ら・わ

な

は

た

さ

か

索　引

著者紹介

ヴィンセント・M・フィゲレド（Vincent M. Figueredo）

30年にわたり循環器内科医およびフィジシャン・サイエンティストとして活躍。アインシュタイン・メディカル・センター フィラデルフィア循環器内科医長やトーマス・ジェファーソン大学医学部教授を含め、学術医学、医学研究、教育、個人開業、上級病院経営など幅広い経験をもつ。200以上の科学論文を発表し、数多くの医学・科学雑誌の査読者でもある。心臓が傷害、アルコール、ストレスにどのように反応するかについて研究をしている。

訳者紹介

坪子 理美（つぼこ　さとみ）

翻訳者。1986年栃木県生まれ。東京大学理学部生物学科卒業、大学院理学系研究科生物科学専攻博士課程修了。東京大学ライフイノベーション・リーディング大学院修了。博士（理学）。訳書に『CRISPR〈クリスパー〉ってなんだろう？　14歳からわかる遺伝子編集の倫理』（化学同人）、『アレルギー　私たちの体は世界の激変についていけない』（東洋経済新報社）、『カリコ博士のノーベル賞物語』（中央公論新社）などがある。

心臓とこころ
文化と科学が明かす「ハート」の歴史

2025年4月30日　第1刷　発行

訳　者　坪子理美
発行者　曽根良介
編集担当　澤藤萌佳
発行所　(株)化学同人

検印廃止

〒600-8074 京都市下京区仏光寺通柳馬場西入ル
編集部 TEL 075-352-3711 FAX 075-352-0371
企画販売部 TEL 075-352-3373 FAX 075-351-8301
振替　01010-7-5702
e-mail webmaster@kagakudojin.co.jp
URL https://www.kagakudojin.co.jp
印刷・製本　太洋社
装幀　上野かおる

 ISBN 978-4-7598-2404-9